浙江省普通高校"十三五"新形态教材

普 通 高 等 教 育 教 材

水污染控制工程
专项综合模拟训练教程

陈雪松　　郝飞麟　主编

化学工业出版社

·北京·

内容简介

本书分为水污染控制工程基础实验、综合提高性实验、专项综合训练、工程应用拓展训练四章，包含十六个实验、三个专项综合模拟训练以及两个企业拓展训练。为了便于读者抓住重点和操作任务内容，在每章专项实验前撰写了学习指南。

本书是作者广泛开展调查研究，结合多年从事水污染控制工程教学、工业废水处理方案设计和工程运行管理，以及指导学生学习、实习、竞赛等的经验和体会，基于现代化技术的特点组织编写的一本新形态实践教材。本书可作为应用型本科院校环境工程、给水排水工程等专业实验或实践性课程的指导教材。

图书在版编目（CIP）数据

水污染控制工程专项综合模拟训练教程 / 陈雪松，郝飞麟主编. -- 北京：化学工业出版社，2024. 8.
（普通高等教育教材）. -- ISBN 978-7-122-45986-2

Ⅰ. X520.6

中国国家版本馆CIP数据核字第2024QJ2273号

责任编辑：姜 磊 林 媛　　　　　　文字编辑：张 琳 杨振美
责任校对：赵懿桐　　　　　　　　　装帧设计：张 辉

出版发行：化学工业出版社
　　　　　（北京市东城区青年湖南街13号　邮政编码100011）
印　　装：北京七彩京通数码快印有限公司
787mm×1092mm　1/16　印张9$\frac{1}{2}$　字数222千字
2024年10月北京第1版第1次印刷

购书咨询：010-64518888　　　　　　售后服务：010-64518899
网　　址：http://www.cip.com.cn
凡购买本书，如有缺损质量问题，本社销售中心负责调换。

定　　价：39.90元

前言

"水污染控制工程"是普通高等教育环境工程专业的核心课程，其实验和实践教学环节是构建专业教学体系的一个重要课题。本书按照应用型本科院校环境工程专业的教学目标达成了编写思路，明确了所面对的教学对象未来的职业特点以及对学生知识、能力和素养的要求，体现了以"基础学习—综合提高—工程模拟—应用拓展"的能力培养模式来构建教材内容体系的特点，突出工程实践活动的真实性，重在培养学生解决污水和废水治理中复杂工程问题的能力。

本书由浙江树人学院陈雪松副教授、郝飞麟高工担任主编，由浙江树人学院毛玉琴副教授、梅瑜担任副主编，由浙江浙大水业有限公司黄栋高级工程师担任主审。具体分工如下：第一章、第二章由陈雪松、梅瑜编写，第三章由郝飞麟、毛玉琴、陈雪松编写，第四章由江西齐联环保科技有限公司刘仕均总工程师编写。全书编写过程中得到了杭州之江水处理设备有限公司、江西齐联环保科技有限公司、浙江浙大水业有限公司、北京象新力科技有限公司、超星集团有限公司的指导，在此表示感谢！

由于编者水平有限，加之时间仓促，书中难免存在疏漏和不妥之处，恳请广大读者不吝赐教，多提宝贵意见，使本书在使用过程中不断得到改进和完善。

编　者
2024年1月

目 录

第一章 水污染控制工程基础实验 ———————————————— 001

学习指南 ——————————————————————————— 001

第一节 废水自由沉淀实验 —————————————————— 004

第二节 废水混凝实验 ———————————————————— 008

第三节 废水的活性炭吸附实验 ———————————————— 015

第四节 废水的加压溶气气浮处理实验 ————————————— 021

第五节 Fenton 法降解亚甲基蓝实验 —————————————— 026

第六节 臭氧氧化处理有机废水实验 —————————————— 030

第七节 电渗析净化水实验 —————————————————— 035

第八节 活性污泥的培养驯化实验 ——————————————— 038

第九节 活性污泥性质的测定实验 ——————————————— 042

第十节 废水可生化性测定实验 ———————————————— 045

第十一节 活性污泥表面曝气法处理生活污水实验 ———————— 050

第二章 水污染控制工程综合提高性实验 ———————————— 053

学习指南 ——————————————————————————— 053

第一节 生物接触氧化法处理有机废水实验 ——————————— 055

第二节 SBR 法处理生活污水实验 ——————————————— 060

第三节 O_3/UV 技术处理有机废水实验 ———————————— 066

第四节 UASB 法处理高浓度有机废水实验 ——————————— 070

第五节 A^2/O 工艺处理生活污水调试运行模拟实验 ——————— 075

第三章 水污染控制工程专项综合训练 —————————————— 081

学习指南 ——————————————————————————— 081

第一节 废水处理单元集成处理系统模拟训练 —————————— 083

第二节 工业废水处理工艺的设计和运行综合虚拟仿真训练 ——— 092

第三节 城市河道水质治理与管理虚拟仿真综合模拟训练 ———— 099

第四章　水污染控制工程应用拓展训练（企业拓展训练） ·········· 112

　　学习指南 ··· 112

　　第一节　城市污水处理厂调查实训 ·· 114

　　第二节　养猪污水处理站系统调试与运行管理实训 ····························· 119

附录 ·· 142

　　附录 1　六联搅拌仪的使用说明 ·· 142

　　附录 2　SBR 装置操作流程 ··· 144

参考文献 ··· 146

第一章　水污染控制工程基础实验

学习指南

实验是将理论与实际相结合，培养观察问题、分析问题和解决问题能力的一个重要途径。实验学习有以下目的：加深对基本概念的理解，巩固所学知识；了解如何进行实验方案的设计，并初步掌握环境工程实验的研究方法和基本测试技术；通过对实验数据进行整理，初步掌握数据分析处理技术，包括如何收集实验数据、如何正确地分析和归纳实验数据、如何运用实验成果验证已有的概念和理论等。

一、学习目标

通过教师课堂讲解或者通过MOOC（慕课）学习，掌握污水处理的基本知识、基本原理和技术，熟悉污水处理排放指标以及处理过程中的影响因素等内容。通过实验，掌握常见水污染控制工艺的基本原理以及基本操作技能，培养实事求是、严谨的科学作风以及认真、细致、整洁的科学习惯，并锻炼独立从事科学研究的初步能力。

本章的内容主要是水污染控制工程基础实验，通过实验模拟学习可以解决如下问题：

① 掌握污染物在水体环境中的迁移转化规律，为水体生态环境保护提供基础依据；

② 掌握污水处理过程中污染物去除的基本规律，从而改进水处理技术和优化反应器；

③ 掌握水处理设备的条件控制和参数优化设计。

二、实验要求

① 实验前必须认真阅读实验教材和导学材料，复习与实验有关的理论知识。

② 明确实验的要求，了解实验内容、实验步骤、操作方法及实验过程中的注意事项。

③ 写出预习报告，包含实验内容、实验步骤等。

④ 实验过程中仔细观察实验现象，记录原始数据并整理数据，完成实验报告。如实验数据达不到要求，应认真分析原因，必要时重做。

⑤ 使用仪器前应先看仪器说明书，明确仪器性能及操作方法，经教师许可后才能使用。使用完毕关闭电源，并将使用过的器皿清洗干净。

⑥ 实验完毕，清洗所有的器皿并放回原处，清洁桌面，值日生负责实验现场的所有清洁工作。

三、完成内容

① 完成每个实验"学习任务"的内容，并完成相应的课前测。

② 扫描二维码完成"视频导学"内容。

③ 填写预习计划表，见表1-1。

④ 全程参与完成实验内容并撰写实验报告，具体要求见表1-2。

⑤ 实验结束后完成学生自评、小组互评和教师评价，具体要求见表1-3。

表1-1　预习计划

实验内容			学时	
实验目的				
实验原理	可附加页面			
实验方式	小组成员合作，动手实践，独立完成实验报告			
实验步骤	可附加页面			
预习计划说明	（可以说明不懂、有异议的内容等，或者标记重点内容）			
预习评价	姓名		学号	
	教师签字		日期	
	教师评语			

表1-2　实验报告

实验内容			学时	
实验方式	小组成员合作，动手实践，独立完成实验报告			
原始数据记录	可附加页面			
数据整理	可附加页面			
结论	可附加页面			
评语	姓名		学号	
	教师签字		日期	
	教师评语			

表1-3　实验总评价

实验内容				学时	
评价类别	项目	占比	学生自评	小组互评	教师评价
专业能力（35%）	导学作业	5%			
	预习	10%			
	实验过程评价	20%			

方法能力（45%）	操作协调能力	20%			
	实验报告撰写和决策能力（实验结果）	25%			
素质能力（20%）	团队协作	10%			
	主动性	10%			
姓名		学号		总评	
教师评价	评语： 签名：　　　　　　　　　　　　　　　　　日期：				

四、成绩考核

1. 考核方式

从课堂纪律与团队协作、装置结构认知、实验操作、数据分析和实验报告等几个方面进行考核。实验过程中随时进行前三项的考核，最后一项以实验报告形式进行考核。

2. 成绩评定方式

考核按100分制记录成绩。具体考核说明和操作要求见表1-4。

表1-4　水污染控制工程实验评价考核说明和操作要求

考核目标	内容	占比	考核说明和操作要求
知识目标（35%）	导学作业	5%	主要考核对实验内容和实验方法的熟悉程度，可以从该设备的工作原理和装置结构来进行考核。该项考核需要进行前期的预习和准备，同时需要完成导学作业测试。经过考核可评价为四个等级： 优秀：掌握并表达清楚各部件功能； 良好：熟悉并表达清楚整个结构功能； 合格：了解并表达清楚各部件功能； 不合格：需翻书才能表达，认识不清
	预习	10%	
	实验过程评价	20%	
能力目标（45%）	操作协调能力	20%	主要从装置的操作和运行调试能力来进行考核，按规程操作，保证装置正常运行；对实验中出现的问题有分析、解决的能力，能优化有关工艺参数。经过考核可评价为四个等级： 优秀：有较强的调试能力，能自主解决各类问题，熟练启动、操作实验装置； 良好：能正确操作实验装置，完成工艺参数优化，在指导下能解决实验中出现的问题； 合格：能在指导下完成工艺参数优化、操作实验装置、解决实验中出现的问题； 不合格：调试能力差，需在指导下操作实验装置
	实验报告撰写和决策能力（实验结果）	25%	主要从实验报告是否完整、论述是否合理，对出现的问题能否给出合理的解释和改进建议，文字是否简洁、准确，实验结果能否验证教学理论等几个方面进行考核。经过考核可评价为四个等级： 优秀：实验报告完整、论述合理，对异常数据有合理的解释和改进建议，实验结果能验证教学理论； 良好：实验报告完整、论述合理，实验数据基本能验证结论； 合格：实验报告完整、论述基本合理，实验数据与所得结论不符； 不合格：实验报告不完整、论述逻辑性尚有欠缺，没有结论

考核目标	内容	占比	考核说明和操作要求
素质目标（20%）	团队协作	10%	主要从出勤率，实验能否积极主动，是否有较强的动手能力，是否遵守纪律，实验小组能否分工协作并有效完成实验任务几个方面进行考核。经过考核可评价为四个等级： 优秀：实验过程积极主动，动手能力强，遵守各种规章制度，团队协作能力强，实验效率高，表现突出； 良好：能主动和实验小组合作完成实验过程，动手能力良好，遵守各种规章制度，有一定的实验效率； 及格：整个实验表现尚可，能在实验小组完成分配的任务； 不及格：纪律散漫，动手能力差，团队协作能力差。 根据具体的结果给出成绩，在实验过程中由指导教师直接打分
	主动性	10%	

第一节　废水自由沉淀实验

视频导学

一、学习任务

学习任务见表1-5。

废水自由沉淀实验视频导学

表1-5　学习任务

实验内容		废水自由沉淀实验		学时		4
任务描述		1. 掌握沉淀的类型与自由沉淀的特点、基本概念及沉淀规律； 2. 掌握污水中悬浮颗粒物的测定和表征； 3. 掌握自由沉淀实验装置的操作； 4. 掌握实验数据的分析、整理、计算； 5. 熟悉根据数据处理绘制图表，并能进行分析和总结； 6. 学会实验装置的调试和维护步骤； 7. 具有团队协作、科学探索精神				
实施安排	实施环节	预习（导学）			实验	
	课时	0.5学时			3.5学时	
	完成形式	MOOC或教程	书面　　　线下		线上	线下　　线下线上结合
要求		1. 通过MOOC学习、查找资料、网络搜索、观看视频和录像，完成预习报告，格式见表1-1； 2. 独立或合作完成整个实验流程，并能获得相应的实验数据，独立完成实验报告，格式见表1-2； 3. 实验结束后进行自评、小组互评和教师评价，格式见表1-3； 4. 具有一定的自学能力、协调能力和语言表达能力； 5. 具有团队合作精神，以小组的形式完成学习任务； 6. 遵守实验室纪律，不得迟到、早退； 7. 积极参与小组讨论，严禁抄袭				

二、实验内容

（一）实验目的

① 通过观察沉淀过程，加深对自由沉淀特点、基本概念及沉淀规律的理解。

② 初步掌握颗粒自由沉淀的实验方法，并能对实验数据进行分析、整理、计算。

③ 进一步了解和掌握自由沉淀规律，根据实验结果绘制自由沉淀曲线，包括沉淀时间-沉淀效率（t-E）的关系曲线、颗粒沉速-沉淀效率（u-E）的关系曲线，从而掌握某种废水的沉淀特性，为设计沉淀池提供基本参数。

（二）实验原理

沉淀是指水中悬浮颗粒物凭借重力作用从水中分离出来的过程。水中悬浮物可通过与水的密度差，在重力作用下进行分离，密度大于水的颗粒将下沉，小于水的则上浮。根据水体中悬浮颗粒的浓度、性质及絮凝性能的不同，可将沉淀过程分为自由沉淀、絮凝沉淀、成层沉淀和压缩沉淀等四类。其中自由沉淀是指在沉淀的过程中，颗粒之间不互相干扰、碰撞，呈单颗粒状态，能够各自独立完成沉淀过程，同时水处于静止状态，且悬浮固体浓度不高。自由沉淀实验装置见图1-1。

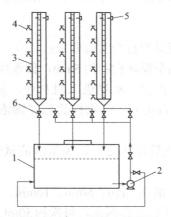

图1-1　自由沉淀实验装置

1—水箱；2—进水泵；3—沉淀柱；4—取样口；5—溢流口；6—阀门

在含有离散颗粒的废水自由沉淀过程中，设试验柱内有效水深为H，通过不同的沉淀时间t，可求得不同的颗粒沉淀速度u，即$u=H/t$。对于指定的沉淀时间t_0可得颗粒沉淀速度u_0，那么沉速等于或大于u_0的颗粒在t_0时间内可全部除去。假定原水中悬浮颗粒物浓度为C_0，经过t_i时间沉淀后，水样中残留浓度为C_i，则沉淀效率（E）见式（1-1）：

$$E = \frac{C_0 - C_i}{C_0} \times 100\%　\qquad (1\text{-}1)$$

在不同的沉淀时间t时，沉淀柱内未被去除的悬浮颗粒物百分比见式（1-2）：

$$P = \frac{C_i}{C_0} \times 100\%　\qquad (1\text{-}2)$$

沉淀实验时，根据整个试验柱高度 H 对应的时间 t_i 可以计算出颗粒物沉速，见式（1-3）：

$$u = \frac{H}{t_i} \times 100\% \tag{1-3}$$

通过沉淀实验结果可判断沉淀性能，并根据所要求的沉淀效率来确定沉淀时间和沉速两个基本参数。根据实验结果可绘制颗粒沉速与沉淀效率（u-E）关系曲线、沉淀时间与沉淀效率（t-E）关系曲线及沉速与剩余悬浮颗粒物占比（u-P）关系曲线。

（三）实验设备及材料

1. 沉淀实验装置

有机玻璃沉淀装置，包括进水箱、沉淀柱（H=1.8m，ϕ=0.15m）、配水及投配系统，计量水深的标尺。

2. 实验仪器

分析天平、烘箱、量筒、玻璃烧杯、玻璃棒、锥形瓶、抽滤瓶、循环水真空泵、布氏漏斗、定量滤纸、称量瓶、干燥器、废液杯、定时器等。

3. 实验水样

某种生活污水或工业废水，或者人工配制水样（用硅藻土或高岭土配制）。

（四）实验步骤

① 了解管道连接情况，检查是否符合实验要求。

② 将水样倒入进水池内，用泵循环搅拌约5min，使水样中悬浮颗粒分布均匀。

③ 用泵将水样引入沉淀试验柱。水样进入过程中，从柱中取样三次，每次约50mL[取样后要准确记录水样体积 V（mL）]。此水样的悬浮物浓度（SS）即为实验水样的原始浓度 C_0。

④ 当水样升到溢流口沿溢流管流出之后，关紧沉淀试验柱底部的阀门，泵停止运转，记录沉淀开始时间。

⑤ 观察静置沉淀现象。分别在1min、5min、10min、20min、30min、45min、60min、90min时，从沉淀试验柱中部取样口取样两次，每次约50mL（准确记录水样体积）。取水样前要先排出取样管中的积水10mL左右，取水样后测量沉淀高度 H 的变化并记录。

⑥ 将每个沉淀时间的两个水样作平行样，测定水样悬浮物固体浓度 C_i。调节烘箱温度至（105±1）℃，将编号的滤纸放入对应编号的称量瓶中，将称量瓶放入105℃的烘箱烘至恒重，记为 W_1（mg），记录在表1-6中。然后将已恒重的滤纸取出放在玻璃漏斗中，过滤水样，并用蒸馏水冲净，滤纸上即水样中全部悬浮物，最后将带有滤渣的滤纸移入称量瓶，烘干至恒重，记为 W_2（mg），记录在表1-6中。悬浮物浓度（C，mg/L）的计算见式（1-4）：

$$C = \frac{W_1 - W_2}{V} \times 100\% \tag{1-4}$$

（五）注意事项

① 向沉淀柱内进水时，速度要适中，既要较快完成进水，以防进水中一些较重颗粒沉淀，又要防止速度过快造成柱内水体紊动，影响静沉实验效果。

② 取样前，一定要记录管中水面至取样口距离 h_0（以cm计）。

（六）原始数据记录及结果整理

① 将滤纸编号、称量瓶编号、（称量瓶+滤纸）质量W_1、取样体积V、（称量瓶+滤纸+SS）质量W_2、沉淀高度H填写在表1-6中。

表1-6 颗粒自由沉淀实验记录

实验日期：				水样性质与来源：		
沉淀柱高：				柱直径：		
原始悬浮物浓度：				水温： ℃		
t/min	滤纸编号	称量瓶编号	W_1/mg	V/mL	W_2/mg	H/cm
0						
1						
5						
10						
20						
30						
45						
60						
90						

注：也可采用浊度仪测定悬浮物浓度。

② 计算水样中不同沉淀时间t的悬浮物浓度C、沉淀效率E、悬浮物剩余率P、沉速u，将数据填入表1-7中。

表1-7 自由沉淀实验数据处理

t/min	C/(mg/L)	E/%	P/%	u/(cm/min)
0				
1				
5				
10				
20				
30				
45				
60				
90				

③ 根据悬浮物浓度C、沉淀效率E，以及相应的颗粒沉速u，画出t-E和u-E、u-P关系曲线，并对结论进行说明。

④ 绘制沉淀柱管及管道连接、阀门开关的草图。

三、知识与能力训练

① 自由沉淀中颗粒沉速与絮凝沉淀中颗粒沉速有何区别？
② 简述绘制自由沉淀静沉曲线的方法及意义。

第二节 废水混凝实验

视频导学

一、学习任务

学习任务见表1-8。

废水混凝实验视
频导学

表1-8 学习任务

实验内容		废水混凝实验	学时	4
任务描述		1. 熟悉混凝沉淀的机理、特点； 2. 掌握混凝的影响因素和最佳工艺条件； 3. 掌握混凝的工艺过程； 4. 掌握实验数据的分析、整理、计算； 5. 熟悉根据数据处理绘制图表，并能进行分析和总结； 6. 学会实验装置的调试和维护步骤； 7. 具有团队协作、科学探索精神		
实施安排	实施环节	预习（导学）	实验	
	课时	0.5学时	3.5学时	
	完成形式	MOOC或教程　　书面　　　线下	线上　　　线下	线下线上 结合
要求		1. 通过MOOC学习、查找资料、网络搜索、观看视频和录像，完成预习报告，格式见表1-1； 2. 独立或合作完成整个实验流程，并能获得相应的实验数据，独立完成实验报告，格式见表1-2； 3. 实验结束后进行自评、小组互评和教师评价，格式见表1-3； 4. 具有一定的自学能力、协调能力和语言表达能力； 5. 具有团队合作精神，以小组的形式完成学习任务； 6. 遵守实验室纪律，不得迟到、早退； 7. 积极参与小组讨论，严禁抄袭		

二、实验内容

（一）实验目的

分散在水中的胶体颗粒带有电荷，在布朗运动及其表面水化作用下，长期处于稳定分散状态，不能用自然沉淀方法去除。向这种水中投加混凝剂后，可以使分散颗粒相互结合，聚集成更大的颗粒，从而从水中分离出来。

由于各种废水差别很大，因此混凝效果不尽相同。混凝剂的混凝效果不仅取决于混凝剂的种类、投加量，同时还取决于水的pH、水温、浊度、水流速度梯度等的影响。

通过本次实验，希望达到以下目的：

① 加深对混凝沉淀原理的理解；

② 掌握化学混凝工艺最佳混凝剂的筛选方法；

③ 掌握化学混凝工艺最佳工艺条件优化的方法；

④ 熟悉混凝过程的三个工艺阶段。

（二）实验原理

混凝阶段所处理的对象主要是水中的悬浮物和胶体杂质。混凝过程的完善程度对后续处理，如沉淀、过滤的影响很大，所以是水处理工艺中十分重要的一个环节。天然水中存在着大量形态各异的悬浮物，有些大颗粒悬浮物可在自身重力作用下沉降；而胶体颗粒是使水产生浑浊的一个重要原因，它们靠自然沉降是不能除去的。消除或降低胶体颗粒稳定性的过程叫脱稳。脱稳后的胶粒在一定的水力条件下，能形成较大的絮凝体，俗称矾花。直径较大且较密的矾花容易下沉。自投加混凝剂直至形成矾花的过程称为混凝。

1. 混凝的机理

化学混凝的处理对象主要是废水中的微小悬浮物和胶体物质。根据胶体的特性，在废水处理过程中通常采用投加电解质、带有相反电荷的胶体或高分子物质等方法破坏胶体的稳定性，使胶体颗粒凝聚成大颗粒，然后通过沉淀分离，达到净化废水的目的。关于化学混凝的机理主要有以下三种解释。

（1）压缩双电层机理　当两个胶粒相互接近以至双电层发生重叠时，会产生静电斥力。加入的反离子与扩散层原有反离子之间的静电斥力将部分反离子挤压到吸附层中，从而使扩散层厚度减小。由于扩散层变薄，颗粒相撞的距离缩短，相互间的吸引力变大。颗粒间的排斥力与吸引力的合力由斥力为主变为以引力为主时，颗粒就能相互凝聚。

（2）吸附架桥机理　指链状高分子聚合物在静电引力、范德瓦耳斯力和氢键力等的作用下，通过活性部位与胶粒和细微悬浮物等发生吸附桥联的现象。

（3）沉淀物网捕机理　当采用铝盐或铁盐等高价金属盐类作混凝剂，且投加量较大形成大量的金属氢氧化物沉淀时，这些沉淀可以网捕、卷扫水中的胶粒，使水中的胶粒以这些沉淀为核心产生沉淀。

在混凝过程中，上述机理通常不是单独存在的，而是同时存在，只是在一定情况下以某种机理为主。

2. 混凝的工艺过程

整个混凝过程经历三个阶段：混合、絮凝和沉淀。

① 混合。混合时间 T 为 $10 \sim 30s$，最多不超过 $2min$；速度梯度 G 为 $300 \sim 1000s^{-1}$。

② 絮凝。保证足够的絮凝时间，一般为 $10 \sim 30min$；G 为 $10 \sim 75s^{-1}$。

③ 沉淀。停止搅拌，静置。

3. 影响混凝效果的因素

混凝过程最关键的是确定最佳混凝工艺条件，因混凝剂的种类较多，如有机混凝剂、无机混凝剂、人工合成混凝剂（阴离子型、阳离子型、非离子型）、天然高分子混凝剂（淀粉、树胶、动物胶）等，所以，混凝条件也很难确定。要确定某种混凝剂的投加量，还需考虑pH值的影响。如果pH值过低（小于4），则所投加的混凝剂的水解受到限制，其主要产物中没有足够的羟基（—OH）进行桥联作用，也就不容易生成高分子物质，絮凝作用较差；如果pH值过高（大于9），又会发生溶解，生成带负电荷的络合离子而不能很好地发挥混凝作用。

在废水的混凝沉淀处理过程中，影响混凝效果的因素比较多，主要有以下几方面。

① 水样的影响。对不同水样，由于污染物成分不同，同种混凝剂的处理效果可能会相差很大。

② 药剂投加量的影响。药剂投加量有其最佳值，混凝剂投加量不足，则水中杂质不能充分脱稳去除，加入太多则会再次稳定。

③ 水温的影响。对金属盐类而言，水温低时，药剂的水解速度慢、不完全（因为金属盐类的水解多是吸热反应）；絮凝体形成缓慢，结构松散，颗粒细小，影响矾花的形成和质量；水的黏度较大，布朗运动强度减弱，碰撞次数减少，难以形成较大的絮体。对高分子絮凝剂而言，水温太高，易使其老化或分解形成不溶性物质，降低混凝效果。

④ pH值的影响。对金属盐类，pH值影响其在水中水解产物的种类与数量，一般在pH值为5.5～8.0时对杂质有较高的去除率；对人工合成高分子混凝剂，则影响其活性基团的性质。

⑤ 混凝剂投加顺序的影响。一般而言，当无机混凝剂与有机混凝剂并用时，先投加无机混凝剂，再投加有机混凝剂。但当处理的胶粒在50μm以上时，常先投加有机混凝剂吸附架桥，再投加无机混凝剂压缩双电层而使胶体脱稳。

⑥ 水力条件的影响。在混合阶段，要求混凝剂与水迅速均匀地混合，持续时间10～30s，一般不超过2min，速度梯度 G 为700～1000s^{-1}。而到了反应阶段，既要创造足够的碰撞机会和良好的吸附条件让絮体有足够的成长机会，又要防止生成的小絮体被打碎，因此搅拌强度要逐步减小，反应时间要长，通常反应时间 T 为10～30min，速度梯度 G 为10～75s^{-1}，GT值[1]为10^4～10^5。

另外，加了混凝剂的胶体颗粒在逐步形成大絮凝体的过程中，会受到一些外界因素影响，如水流速度（搅拌速度）、pH值及沉淀时间等，所以，相关外界因素也需要加以考虑。由于实验条件有限，在此，搅拌速度及沉淀时间的影响，不加考虑。

（三）实验材料及装置

1. 主要实验装置及设备

① 化学混凝实验装置采用的是台式独立六联搅拌仪（使用说明见附录1），含微电脑程序控制器，浊度仪，pHS-2型精密酸度计。

② 分析天平、烧杯、玻璃棒、移液管或移液枪、比色管、精密试纸、吸管、锥形瓶等。

2. 实验试剂

① 混凝剂：精制硫酸铝 $Al_2(SO_4)_3 \cdot 18H_2O$（浓度10g/L）、三氯化铁 $FeCl_3 \cdot 3H_2O$（浓度10g/L）、聚丙烯酰胺（浓度0.5%）。

② 化学试剂：10%盐酸溶液、10%氢氧化钠溶液。

3. 实验用水

微污染水源水或含一定浊度的工业废水（如用豆制品废水配制浊度为300～1000NTU的废水）。

---

[1] GT值间接表示整个絮凝时间内颗粒碰撞的总次数，可用来控制絮凝效果。

（四）实验步骤

混凝实验分为最佳投加量、最佳pH值、最佳水流速度梯度三个部分。在进行投加量实验时，先选定一种搅拌速度变化方式和pH值，求出最佳投加量。然后按照最佳投加量求出混凝最佳pH值。最后根据最佳投加量、最佳pH值求出最佳水流速度梯度。

1. 最佳混凝剂和最小投加量的实验步骤

① 确定原水特征，即测定原水水样水温、浊度及pH。（温度和pH可以通过温度计、酸度计测定。）

② 在3个1000mL的烧杯中分别倒入200mL原水（或自配废水），浊度为300～1000NTU，置于六联搅拌仪平台上。

③ 确定形成矾花所用的最小混凝剂量。分别投加0.5mL的混凝剂硫酸铝、三氯化铁、聚丙烯酰胺溶液到3个烧杯中，先快速（转速为300r/min）搅拌30s，再中速（150r/min）搅拌5min，并分别每次增加0.5mL混凝剂投加量，直至出现矾花为止。矾花出现时的混凝剂投加量作为形成矾花的最小投加量，三种混凝剂用量最少的即为最佳混凝剂。

将步骤①～③的实验结果记录到表1-9。

2. 最佳投加量的实验步骤

① 确定原水特征。

② 在6个1000mL的烧杯中分别倒入800mL原水（或自配废水），浊度为300～1000NTU，置于六联搅拌仪平台上。

③ 取最小混凝剂量的1/4、1/2、3/4、1、3/2、2倍的量分别置于1～6号烧杯中。

④ 启动搅拌仪，分别快速（300～500r/min）搅拌30s、中速（100～150r/min）搅拌4.5min、慢速（50～80r/min）搅拌10min。

⑤ 搅拌过程中，注意观察并记录矾花形成的过程以及矾花的外观、大小等；搅拌结束后关闭搅拌仪，将烧杯取出，静置沉淀10min，观察矾花沉淀过程、沉降速度快慢、密实程度。用移液管或注射针筒抽取上清液100mL放入烧杯中，立即用浊度仪测浊度（测三次），记入表1-10中。

3. 最佳pH值的实验步骤

① 在6个1000mL的烧杯中分别倒入800mL原水（或自配废水），置于六联搅拌仪平台上。

② 确定原水特征。

③ 调整原水pH。用移液管依次向1号、2号、3号水样烧杯中加入2.0mL、1.0mL、0.5 mL 10%浓度的HCl，依次向5号、6号烧杯中加入0.5 mL、1.0mL 10%浓度的NaOH。

④ 启动搅拌仪，快速搅拌30s，转速约300r/min。用酸度计测定水样的pH，记入表1-11中。

⑤ 利用仪器的加药管，向各烧杯中加入相同剂量的混凝剂（投加量由最佳投加量实验确定）。

⑥ 启动搅拌仪，分别快速（300～500r/min）搅拌30s、中速（100～150r/min）搅拌4.5min、慢速（50～80r/min）搅拌10min。

⑦ 搅拌过程中，注意观察并记录矾花形成的过程以及矾花外观、大小等；搅拌结束后关闭搅拌仪，将烧杯取出，静置沉淀10min，观察矾花沉淀过程、沉降速度快慢、密实程度。用移液管或注射针筒抽取上清液100mL放入烧杯中，立即用浊度仪测浊度（测三次），

记入表1-11中。

4. 混凝阶段最佳水流速度梯度实验步骤

① 在6个1000mL的烧杯中分别倒入800mL原水（或自配废水），浊度为300～1000NTU，置于六联搅拌仪平台上。

② 确定原水特征。

③ 按照最佳pH值实验和最佳投加量实验所得出的最佳混凝pH值和投加量，分别向6个装有800mL水样的烧杯中加入相同剂量的HCl（或NaOH）和混凝剂，置于六联搅拌仪平台上。

④ 启动搅拌仪，快速搅拌1min，转速约300r/min，随即把其中5个烧杯移到其他搅拌仪上。1号烧杯继续以20 r/min转速搅拌20min，其他各烧杯分别以60r/min、100r/min、140r/min、180r/min、220r/min搅拌20min。

⑤ 搅拌过程中，注意观察并记录矾花形成的过程以及矾花外观、大小等。搅拌结束后关闭搅拌仪，将烧杯取出，静置沉淀10min，观察矾花沉淀过程、沉降速度快慢、密实程度。用移液管或注射针筒抽取上清液100mL放入烧杯中，立即用浊度仪测浊度（测三次），记入表1-12中。

（五）原始数据记录及结果整理

1. 最佳混凝剂选择实验结果整理

把原水特征、混凝剂投加情况、搅拌时间及速度记入表1-9中。

表1-9　最佳混凝剂实验记录

第　　　小组		姓名：		实验日期：	
原水水温：　　℃；浊度：　　　；色度：　　　；pH：					
水样编号		1		2	3
水样体积/mL					
硫酸铝投加量	mL				
	mg/L				
三氯化铁投加量	mL				
	mg/L				
聚丙烯酰胺投加量	mL				
	mg/L				
矾花形成时间/min					
搅拌时间及速度	快速搅拌/min		转速/(r/min)		
	中速搅拌/min		转速/(r/min)		
	慢速搅拌/min		转速/(r/min)		
	沉降时间/min				

2. 最佳混凝剂投加量实验结果整理

① 把原水特征、混凝剂种类、投加情况、沉淀水浊度等记入表1-10中。

② 以沉淀水浊度为纵坐标，混凝剂加入量为横坐标，绘出药剂投加量与浊度关系曲线，并从图上求出最佳混凝剂投加量。

表1-10 最佳混凝剂投加量实验记录

第 小组		姓名：				实验日期：	
原水水温： ℃；浊度： ；色度： ；pH：							
使用混凝剂种类、浓度：					助凝剂种类、浓度：		

水样编号		1	2	3	4	5	6
水样体积/mL							
混凝剂加入量	mL						
	mg/L						
矾花形成时间/min							
矾花的外观及其他现象							
出水指标（浊度）	1						
	2						
	3						
	平均						
搅拌时间及速度	快速搅拌/min		转速/(r/min)				
	中速搅拌/min		转速/(r/min)				
	慢速搅拌/min		转速/(r/min)				
	沉降时间/min						

3. 最佳pH值实验结果整理

① 把原水特征、混凝剂投加情况、酸碱投加情况、沉淀水浊度等记入表1-11中。

② 以沉淀水浊度为纵坐标，水样pH值为横坐标，绘出pH值与浊度关系曲线，从图上求出所投加混凝剂的混凝最佳pH值及其适用范围。

表1-11 最佳pH实验记录

第 小组		姓名：				实验日期：	
原水水温： ℃；浊度： ；色度： ；pH：							
使用混凝剂种类、浓度：					助凝剂种类、浓度：		

水样编号		1	2	3	4	5	6
水样体积/mL							
酸投加量	mL						
	mg/L						
碱投加量	mL						
	mg/L						
pH值							
混凝剂加入量	mL						
	mg/L						
出水指标（浊度）	1						
	2						
	3						
	平均						

搅拌时间及速度	快速搅拌/min		转速/(r/min)		
	中速搅拌/min		转速/(r/min)		
	慢速搅拌/min		转速/(r/min)		
	沉降时间/min				
	其他现象				

4. 混凝阶段最佳水流速度梯度实验结果整理

① 把原水特征、混凝剂投加量、pH值、搅拌速度等记入表1-12中。

② 以沉淀水浊度为纵坐标，速度梯度G值为横坐标，绘出G值与浊度关系曲线，从曲线中求出所加混凝剂混凝阶段适宜的G值范围。

表1-12　混凝阶段最佳水流速度梯度实验记录

第　　小组	姓名：　　　　　　　　　　　　　　实验日期： 原水水温：　　℃；浊度：　　；COD：　　mg/L；色度：　　；pH： 使用混凝剂种类、浓度：　　　　　　　　　　　　助凝剂种类、浓度：						
水样编号		1	2	3	4	5	6
水样体积/mL							
混凝剂加入量	mL						
	mg/L						
水样 pH 值							
快速搅拌	转速/(r/min)						
	时间/min						
中速搅拌	转速/(r/min)						
	时间/min						
慢速搅拌	转速/(r/min)						
	时间/min						
速度梯度G值/s^{-1}	快速						
	中速						
	慢速						
	平均						
出水指标（浊度）	1						
	2						
	3						
	平均						

三、知识与能力训练

① 影响混凝效果的主要因素有哪些？

② 在实验过程中，混凝剂的最佳投加量的选择依据是什么？投加量大或小时，混凝效果为什么不一定最好？

③ 简述硫酸铝混凝作用机理及其与水的pH值的关系。

④ 如果有一种不知用量的混凝剂，请设计方案找出它的最佳用量值。

第三节　废水的活性炭吸附实验

视频导学

废水的活性炭吸附视频导学

一、学习任务

本节学习任务见表1-13。

表1-13　学习任务

实验内容	废水的活性炭吸附实验			学时		4
任务描述	1. 熟悉活性炭吸附的机理及特点； 2. 掌握吸附平衡和吸附等温线； 3. 掌握影响吸附的因素； 4. 掌握实验数据的分析、整理、计算； 5. 熟悉根据数据处理绘制图表，并能进行分析和总结； 6. 学会实验装置的调试和维护步骤； 7. 具有团队协作、科学探索精神					
实施安排	实施环节	预习（导学）			实验	
	课时	0.5学时			3.5学时	
	完成形式	MOOC或教程	书面	线下	线上	线下	线下线上结合
要求	1. 通过MOOC学习、查找资料、网络搜索、观看视频和录像，完成预习报告，格式见表1-1； 2. 独立或合作完成整个实验流程，并能获得相应的实验数据，独立完成实验报告，格式见表1-2； 3. 实验结束后进行自评、小组互评和教师评价，格式见表1-3； 4. 具有一定的自学能力、协调能力和语言表达能力； 5. 具有团队合作精神，以小组的形式完成学习任务； 6. 遵守实验室纪律，不得迟到、早退； 7. 积极参与小组讨论，严禁抄袭					

二、实验内容

（一）实验目的

① 通过实验，进一步了解活性炭的吸附工艺及性能，并熟悉整个实验过程的操作。

② 掌握用间歇法确定活性炭处理污水设计参数的方法。

③ 了解吸附等温线的绘制和意义。

④ 了解连续法活性炭柱处理废水的流程和方法。

（二）实验原理

活性炭吸附就是利用活性炭固体表面对水中一种或多种物质的吸附作用，以达到净化水质的目的。

活性炭对水中所含杂质既有物理吸附作用，又有化学吸附作用。部分被吸附物质先在活性炭表面上积聚浓缩，继而进入固体晶格原子或分子之间的空隙中。还有一些特殊物质则与活性炭分子结合而被吸附。

当活性炭对水中所含杂质进行吸附时，水中的溶解性杂质会在活性炭表面上积聚而被吸附，同时一些被吸附物质由于分子的运动而离开活性炭表面，重新进入水中，即在吸附的同时存在解吸现象。当吸附和解吸处于动态平衡状态时，称为吸附平衡，此时被吸附物质在溶液中的浓度称为平衡浓度。此时活性炭和水（即固相和液相）之间的溶质浓度具有一定的比值。活性炭的吸附能力以吸附容量 q_e 表示，如果在一定的压力和温度条件下，用 m 克活性炭吸附溶液中的溶质，被吸附的溶质为 x 毫克，则单位质量的活性炭吸附溶质的量即为吸附容量，见式（1-5）：

$$q_e = \frac{x}{m} = \frac{V(C_0 - C_e)}{m} \tag{1-5}$$

式中　q_e——活性炭吸附容量，即单位质量的活性炭所吸附的物质质量，mg/g；

　　　x——被吸附物质的质量，mg；

　　　m——活性炭投加量，g；

　　　V——水样体积，L；

　C_0、C_e——吸附前及吸附平衡时水中的溶质浓度，mg/L。

q_e 的大小除了取决于活性炭的种类之外，还与被吸附物质的性质、浓度、水温、pH 值等有关。在温度一定的条件下，活性炭吸附容量随被吸附物质平衡浓度的提高而提高，两者之间的变化曲线称为吸附等温线，通常可以用朗格缪尔（Langmuir）经验公式表达，见式（1-6）：

$$q_e = q_m \frac{KC_e}{1 + KC_e} \tag{1-6}$$

式中　q_e——活性炭吸附容量，mg/g；

　　　C_e——被吸附物质的平衡浓度，mg/L；

　　　K——Langmuir 常数，与活性炭和被吸附物质之间的亲和度有关；

　　　q_m——活性炭的最大吸附量，mg/g。

为了方便易解，往往将上式变换成线性关系式，见式（1-7）：

$$\frac{C_e}{q_e} = \frac{1}{Kq_m} + \frac{C_e}{q_m} \tag{1-7}$$

通过吸附实验测得 C_e、C_e/q_e 相应值，绘制到坐标纸上，得到直线，可求得斜率为 $\frac{1}{q_m}$，

截距为 $\dfrac{1}{Kq_{\mathrm{m}}}$，则可求得活性炭等温吸附线的系数 K、q_{m}，并可以绘制出活性炭吸附等温线。

（三）实验仪器及试剂

1. 实验仪器和设备

（1）间歇式活性炭吸附实验仪器　恒温振荡器、电子分析天平（精度0.0001g）、可见光分光光度计、温度计、pH计、250mL锥形瓶、100mL烧杯、移液管、漏斗、漏斗架、滤纸。

（2）连续式活性炭吸附实验设备（见图1-2）　包含：①有机玻璃柱3套（内装颗粒活性炭，滤速为5～15m/h，活性炭装填厚度为700～1500mm），每个活性炭柱配有配套进水管、排水管、反冲洗进水管、反冲洗出水管、排空管、取样阀、活性炭层；②原水箱和清水箱各1个；③磁力泵1台；④流量计1支；⑤不锈钢支架1个；⑥搅拌装置1套，含不锈钢搅拌桨1个、定速电机1台（电压220V、功率25W）。

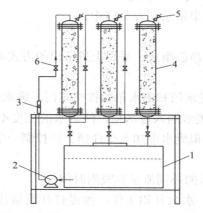

图1-2　连续式活性炭吸附实验装置图

1—进水箱；2—磁力泵；3—流量计；4—颗粒活性炭柱；5—排气阀；6—阀门

2. 试剂与材料

① 亚甲基蓝储备液（10mg/L）：称取0.01g亚甲基蓝固体溶于水中，移至1000mL容量瓶，加入去离子水定容到刻度。此亚甲基蓝溶液的质量浓度为10mg/L。

② 实验模拟废水：采用浓度为50mg/L的亚甲基蓝水溶液作为模拟有机废水。称取0.050g亚甲基蓝固体，溶解后转移到1000mL的容量瓶中并定容，即得50mg/L操作液，现配现用。

（四）实验步骤

1. 标准曲线的制作

① 分别吸取亚甲基蓝储备液（10mg/L）0、5mL、10mL、15mL、20mL、25mL于50mL的比色管中，定容至刻度，获得亚甲基蓝标准溶液，质量浓度分别为0、1mg/L、2mg/L、3mg/L、4mg/L、5mg/L，将标准溶液置于光径为1cm的比色皿中，用分光光度计在波长665nm下测定吸光度并记录在表1-14中。

② 将亚甲基蓝的各个质量浓度和测好的吸光度作为横、纵坐标，绘制出标准曲线。

2. 间歇式吸附实验步骤

① 活性炭的准备。将活性炭颗粒用蒸馏水浸泡24h，然后在105℃烘箱内烘24h至恒重，再将烘干的活性炭研磨成能通过270目筛子的粉状活性炭。

② 配制50mg/L的亚甲基蓝溶液。称取0.05g亚甲基蓝粉末溶于水中，移至1000mL容量瓶并定容至刻度。

③ 在6个250mL的锥形瓶中分别投加0、10mg、20mg、30mg、40mg、50mg粉末状活性炭，再分别加入100mL亚甲基蓝溶液。

④ 在室温下，将锥形瓶放在振荡器上振荡，振荡计时1h。

⑤ 将振荡后的水样静置5min，小心地将上清液倾倒至100mL烧杯中，约倒取30mL。按表1-15中上清液取样体积分别移取相应体积的上清液于50mL比色管中，用蒸馏水稀释定容至50mL刻度线，盖塞，摇匀。

⑥ 设定分光光度计的波长为665nm，用1cm比色皿测定上清液的吸光度。

⑦ 在标准曲线上查出对应的亚甲基蓝溶液的浓度。

将以上步骤测定的实验结果记录到表1-15中。

3. 连续流吸附实验步骤

实验装置由三个活性炭柱串联组成，采用上进下出的方式动态吸附处理有色有机废水。

（1）实验有机废水的准备

① 检查关闭以下阀门：进水箱和出水箱的排空阀门，进水流量计的调节阀。

② 将亚甲基蓝实验模拟废水倒入进水箱，注意水的色度不要太高。如果要试验对有机物的吸附效果，则可在实验模拟废水中加入少许糖类以控制一定的COD值。测定原水水质。

（2）进行吸附实验

① 确定好要进行吸附实验的不同流量和吸附时间。

② 插上进水泵电源插头，水泵开始工作，慢慢打开流量计调节阀，让流量计转子处于1/2位置高度。慢慢打开最后一根活性炭柱的下端出水阀（不要开大），开至出水流量与进水流量基本平衡（流量计转子处于1/2位置高度）。实验废水动态流经三个活性炭柱一定时间（实验时间）后，慢慢打开第一、二根活性炭的下端出水阀，分别取第一、二、三根活性炭柱的出水去测定相应的检测项目（如色度、亚甲基蓝浓度、COD等）。第一、二根活性炭柱取完水样后要立即关闭出水阀。

③ 调节流量计至所需要的实验流量。分别控制流量为10mL/min、30mL/min、60mL/min，打开活性炭吸附柱进水阀门，使原水进入活性炭柱，运行稳定5min后开始计时。测定并记录活性炭柱出水亚甲基蓝浓度或COD浓度。每隔30min取样，测定各活性炭柱出水亚甲基蓝溶液或COD浓度一次，连续运行2h。将实验结果记录在表1-16。

④ 在整个实验过程中，如果出现活性炭柱上端积累空气太多的现象，则可打开上端的排气阀，排除多余的空气后关闭阀门。

（3）实验完毕后的整理

① 实验结束，首先关闭第三根活性炭的出水阀。

② 拔掉进水泵电源插头。

③ 放空进水箱和出水箱。

④ 注入自来水至进水箱。

⑤ 开启进水泵，开启流量计并调节流量至最大，开启第三根活性炭柱的出水阀1/3左右，让自来水清洗三个活性炭柱。

⑥ 当第三个活性炭柱的出水洁净时，关闭出水阀，关闭流量计，关闭进水泵。

⑦ 放空进水箱和出水箱的积水（活性炭柱内始终保持满水状态），以备下次实验使用。

（五）原始数据记录及结果整理

1. 标准曲线实验记录

表1-14　标准曲线实验数据记录

初始记录	储备液浓度：		mg/L ；	室温：		℃
加入储备液量/mL	0	5	10	15	20	25
测定吸光度 A						
修正系数 A_0						

2. 间歇式吸附实验原始记录

表1-15　间歇式活性炭吸附原始数据记录

初始记录	室温：	℃；亚甲基蓝溶液浓度：		mg/L；溶液体积：		mL
活性炭性能参数						
活性炭投加量/mg	0	10	20	30	40	50
上清液取样体积/mL	1.0	1.0	1.0	2.0	2.0	2.0
稀释倍数						
吸光度 A						
仪器名称及型号						
实验小组人员						

3. 连续流吸附实验原始记录

表1-16　连续式吸附实验数据记录

原水亚甲基蓝溶液浓度/(mg/L)：　　　　原水 COD 浓度/(mg/L)：　　　　工作时间/min：

流量 柱号	10mL/min		30mL/min		60mL/min	
	出水浓度/ (mg/L)	去除率/%	出水浓度/ (mg/L)	去除率/%	出水浓度/ (mg/L)	去除率/%
1#柱						
2#柱						
3#柱						

（六）实验数据整理及分析

① 亚甲基蓝溶液标准曲线的绘制。将标准曲线整理的数据填写到表1-17中。以亚甲基蓝溶液浓度 C 为横坐标，修正后吸光度 A' 为纵坐标，绘制标准曲线 C-A' 曲线。

表1-17 亚甲基蓝溶液标准曲线实验数据记录

初始记录				储备液浓度:	mg/L	室温:
加入储备液量/mL	0	5	10	15	20	25
亚甲基蓝溶液浓度 C/(mg/L)						
测定吸光度 A						
修正系数 A_0						
修正吸光度 $A'=A-A_0$						

② 绘制吸附等温线。整理实验数据，根据修正吸光度 A'，在标准曲线上查得对应的亚甲基蓝溶液浓度 C_e，计算亚甲基蓝的吸附量 q_e，计算 C_e/q_e，记录到表1-18中。

表1-18 静态活性炭吸附的实验数据整理

初始记录		初始亚甲基蓝溶液浓度 C_0:	mg/L	溶液体积 V:	L	
活性炭量 m/mg	0	10	20	30	40	50
吸光度 A						
稀释倍数						
吸附后亚甲基蓝溶液平衡浓度 C_e(mg/L)						
活性炭吸附容量 q_e/(mg/g)						
C_e/(mg/L)						
C_e/q_e						

根据表1-18记录的数据，以 $\lg C_e$ 为横坐标，$\lg q_e$ 为纵坐标，绘制 $\lg C_e$-$\lg q_e$ 关系曲线，得出 Freundlich 吸附等温线，其斜率为 $1/n$，截距为 $\lg K$。求出 K 和 n 值，带入 Freundlich 吸附等温线，则有 $q_e=KC_e^{1/n}$。

③ 根据表1-16的数据，分别计算第一、二、三根活性炭柱的去除效果。

（七）注意事项

① 间歇吸附实验所求得的 q_e 如果出现负值，则说明活性炭明显吸附了溶剂，此时应调换活性炭或调换水样。

② 进入吸附炭柱的水中浑浊度较高时，应进行过滤以去除杂质。

三、知识与能力训练

① 吸附等温线有什么现实意义？

② 活性炭投加量对于吸附平衡浓度的测定有什么影响？该如何控制？

③ 实验结果受哪些因素影响较大？该如何控制？

第四节　废水的加压溶气气浮处理实验

视频导学

废水的加压溶气
气浮处理实验视
频导学

一、学习任务

本节学习任务见表1-19。

表1-19　学习任务

实验内容	废水的加压溶气气浮处理实验		学时		4
任务描述	1. 掌握气浮的原理、类型； 2. 掌握气浮必备的三个条件； 3. 掌握加压溶气气浮的工艺流程、特征、优缺点； 4. 掌握实验数据的分析、整理、计算； 5. 熟悉根据数据处理绘制图表，并能进行分析和总结； 6. 学会实验装置的调试和维护步骤； 7. 具有团队协作、科学探索精神				
实施安排	实施环节	预习（导学）		实验	
	课时	0.5学时		3.5学时	
	完成形式	MOOC或教程　　书面　　线下		线上　　线下　　线下线上结合	
要求	1. 通过MOOC学习、查找资料、网络搜索、观看视频和录像，完成预习报告，格式见表1-1； 2. 独立或合作完成整个实验流程，并能获得相应的实验数据，独立完成实验报告，格式见表1-2； 3. 实验结束后进行自评、小组互评和教师评价，格式见表1-3； 4. 具有一定的自学能力、协调能力和语言表达能力； 5. 具有团队合作精神，以小组的形式完成学习任务； 6. 遵守实验室纪律，不得迟到、早退； 7. 积极参与小组讨论，严禁抄袭				

二、实验内容

（一）实验目的

① 加深对气浮基本概念及原理的理解。

② 掌握加压溶气气浮实验方法，并能熟练操作各种仪器。

③ 掌握加压溶气气浮的工艺流程和组成。

（二）实验原理

气浮法是目前水处理工程中应用日益广泛的一种水处理方法。该法主要用于处理水中相对密度小于或接近1的悬浮杂质，如乳化油、羊毛脂、纤维以及其他有机悬浮絮体等。气浮法的净水原理如下：使空气以微气泡的形式出现于水中，并自下而上慢慢上浮，在上浮过程中气泡与水中污染物质充分接触，相互黏附，形成相对密度小于水的气-水结合物上升到水面，从而使污染物质以浮渣的形式从水中分离以去除。

要产生相对密度小于水的气-水结合物，应满足以下条件：

① 水中污染物质具有足够的憎水性；

② 水中污染物质相对密度小于或接近1；

③ 微气泡的平均直径应为50～100μm；

④ 气泡与水中污染物质的接触时间足够长。

气浮法按照水中气泡产生的方式可分为电解气浮法、散气气浮法和溶气气浮法几种。由于散气气浮法气泡直径一般较大，因而气浮效果较差，而电解气浮法气泡直径远小于散气气浮法和溶气气浮法，但耗电较多。溶气气浮法又可分为加压溶气气浮法和真空溶气气浮法。在目前国内外的实际工程中，加压溶气气浮法的应用前景最为广泛。

加压溶气气浮法是使空气在一定压力的作用下溶解于水中，直至饱和状态，然后将压力降到常压，此时溶解于水中的空气便以微气泡的形式从水中逸出。加压溶气气浮工艺由空气饱和设备、空气释放设备和气浮池等组成。其基本工艺流程有全溶气流程、部分溶气流程和回流加压溶气流程。目前工程中广泛采用有回流系统的加压溶气气浮法。该流程将部分废水进行回流加压，废水直接进入气浮池。

加压溶气气浮法的影响因素很多，如水中空气的溶解量、气泡直径、气浮时间、气浮池有效水深、原水水质、药剂种类及其加药量等。因此，采用气浮法进行水处理时，常要通过实验测定一些有关的设计运行参数。

（三）实验装置及材料

1. 实验试剂与实验材料

10%的硫酸铝溶液，自配模拟废水（含一定浊度），水质（如SS）或浊度分析所需的器材及试剂。

2. 加压溶气气浮实验装置

加压溶气气浮实验装置如图1-3所示，主要包含：①压力溶气罐，304不锈钢材质，工作压力0.2～0.5MPa（可调）；②加药系统，含储罐、搅拌系统、加药泵和计量调节附

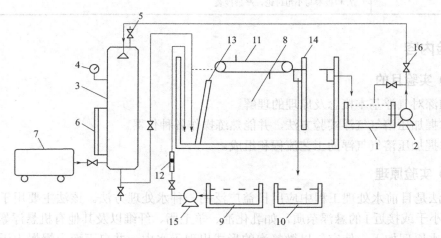

图1-3 加压溶气气浮实验装置

1—清水箱；2—高压水泵；3—溶气罐；4—压力表；5—放空阀；6—液位计；7—空气压缩机；8—气浮池；9—进水箱；
10—浮渣箱；11—刮泥机；12—进水流量计；13—斜板；14—挡板；15—磁力泵；16—阀门

件；③废水磁力泵（5L/min，扬程2m，带流量计）；④高效不锈钢溶气泵，带流量计，溶气压力0.2～0.5MPa，气泡颗粒大小直径为20～30μm，含气体积比≥3%，释气量与饱和值比＞0.9；⑤配电动刮泥器；⑥PVC复合水箱，含清水箱、废水箱、浮渣箱；⑦电器控制箱。

（四）实验步骤

本实验装置采用压缩空气和压力水进行溶气的方式获取溶气水，并完全按照工厂化结构来设计实验装置，具有良好的实验效果。

1. 实验装置的基本组成及功能

① 空气压缩机：为溶气水提供压力空气。

② 高压水泵：为溶气水提供压力水源。

③ 溶气罐：溶气水在该罐中形成。

④ 刮浮渣器：刮去由气浮作用形成的悬浮颗粒物浮渣。

⑤ 进水泵：将待去除悬浮颗粒物的废水泵入气浮池。

⑥ 气浮池：溶气水与废水在池中混合，经气浮作用，将废水中的悬浮颗粒物以上浮法去除。

⑦ 复合水箱：由清水箱、废水箱和浮渣箱构成。

2. 实验前的检查

① 检查关闭以下阀门：各个水箱的排空阀门，进水流量计的调节阀门，高压水泵出水到溶气罐的阀门（但一定要打开高压水泵出水回流到清水箱的阀门），溶气罐出水到气浮池的阀门和溶气罐上方的排气阀门。

② 检查关闭电器控制箱上的电源控制开关。有色点的一端翘起为"关"状态，有色点的一端处于低位为"开"状态。

③ 检查关闭空气压缩机上的电源控制开关。在出气调节阀门的旁边有一个黑的盒子，上面有一个按钮，拉出这个按钮为"开"状态，按下这个按钮为"关"状态。

3. 实验前的准备

① 将自来水用水管直接注入气浮池中，注水至出水槽溢出为止。

② 将自来水用水管直接注入清水箱中，注水至清水箱的1/2体积。

③ 将含有悬浮物或胶体的废水加到废水配水箱中，投加硫酸铝等混凝剂后搅拌混合。

④ 确定好一系列的实验进水流量和实验时间等条件。

⑤ 确定检测进水、出水中SS的方法并准备所需的仪器。

4. 进行实验

① 将空气压缩机插上电源。

② 插上电器控制箱上的总电源插头，开启空气开关。

③ 开启（向上拉）空气压缩机的控制开关，空气压缩机开始工作，将压缩空气慢慢压入溶气罐，注意观察溶气罐上压力表的读数，溶气罐中的压力达到0.25～0.3MPa时关闭空气压缩机的电源控制开关（向下按）。此处要严格遵照执行。

④ 开启高压水泵电源控制开关，高压水泵开始工作，高压水泵出水经过回流阀门流入清水箱。当回流清水中不出现大气泡时，慢慢关小回流阀门，让回流清水的流量保

持在500mL/min左右即可。慢慢打开高压水泵出水到溶气罐中的阀门，让高压水慢慢注入溶气罐，注入的速度不要太快，观察液位计的水位上升速度，要缓慢上升为宜。当溶气罐中的压力达到0.3～0.4MPa时，液位计的水位不再上升，让高压水泵继续运转，以始终保持0.3～0.4MPa的罐压。如果罐压达不到0.3～0.4MPa的要求，则适当地关小回流阀门，以提高高压水泵的出水压力，但千万不要将回流阀门关死，以免损坏高压水泵。将高压水泵出水到溶气罐中去的阀门开至最大，此时加压水量按2～4L/min控制。

⑤ 慢慢打开溶气罐到气浮池的出水阀门，让溶气水慢慢注入气浮池的混合区。此时可看见乳白色的溶气水在混合区出现，慢慢调节溶气水的流量直至气浮池的混合区全部为乳白色。当气浮池气浮区的1/5～1/4高度的溶气水为乳白色时，此时流量为适宜状态。

⑥ 开启废水进水泵控制开关，进水泵开始工作。慢慢打开进水流量计的调节阀门，调节至制定的实验流量（废水进水量可按4～6L/min控制）。经一定时间的气浮作用后，可以看到悬浮颗粒物浮上液面形成浮渣。用小烧杯从溶气水取水口接水，如出水为由无数微细气泡组成的乳白色浊液，说明溶气水质量较高，可以进行污水处理。如果出水中的气泡较大，表明溶气水质量不佳，需调整进水量、进气量和压力，使之处于良好工作状态。开启刮渣器控制开关，刮渣器慢慢转动，将气浮渣刮入浮渣槽并流入浮渣箱。

⑦ 保持溶气出水的良好状态。将待处理污水在小烧杯中小试，确定混凝剂（包括聚丙烯酰胺和碱）的投加比例。按照这一比例，在污水混凝箱中加入混凝剂，搅拌、混凝。下部清水溢流排放或进入溶气水箱循环使用。

测定处理后出水的透光率和浊度，与原污水比较，做平行实验三次并做好记录。

5. 实验完毕的整理

① 关闭进水泵控制开关及进水流量计的调节阀门。

② 关闭刮渣器控制开关。

③ 关闭高压水泵出水到溶气罐的阀门，关闭高压水泵控制开关。

④ 慢慢开大溶气罐出水到气浮池的阀门，让溶气水全部注入气浮池（注意流量不要太大）。当溶气罐中的溶气水低于溶气罐液位时计时，慢慢打开溶气罐上方的排气阀，排空罐里的压缩空气。此时，溶气罐和空气压缩机上的压力表指示为零。

⑤ 关闭电器控制箱上的空气开关，拔下电源插头。

⑥ 拔下空气压缩机上的电源插头。

⑦ 排空气浮池和复合水箱，清洗气浮池和复合水箱，以备下次实验使用。

（五）原始数据记录及结果整理

1. 最佳进气量

当控制进水流量为5L/min时，调整进气量、出水阀、排气阀，使溶气水中出现致密、乳白色的微细气泡悬浊液，记录此时的进气量、压力和流量。用量筒取溶气水，记录气液界面的气泡上升速度，计算微细气泡的直径。

2. 混凝过程调整

确定污水的投药量及最佳pH。确定污水流量，微调溶气水量。

3. 测定

采用测定出水的 SS 和浊度来判断废水处理的效果。

将上述实验数据填至表1-20中。

表1-20　实验记录

项目	1	2	3
污水流量 /(L/h)			
溶气水流量 /(L/h)			
压力 /MPa			
气泡上升速度 /(m/s)			
气泡直径 /mm			
聚合氯化铝投加量 /(mg/L)			
混凝最佳 pH			
污水∶溶气水			
气浮后出水 SS/(mg/L)			
气浮后出水浊度 /NTU			

（六）注意事项

① 随着气浮实验时间的延长，溶气罐中的压缩空气会越来越少，而溶气罐液位计的水位会越来越高。当溶气罐的水位超过液位计时，必须停止实验。然后按照"实验完毕的整理"中的方法排空溶气罐中的气和水，接着按照实验开始时的方法重新进行溶气水的生成。

② 在实验过程中和实验完毕的整理过程中，千万注意不要让压缩空气直接进入气浮池中，否则会引起气浮池中的水位大幅度波动并且冲出池子，流入电器控制箱，引起控制系统的损坏。

③ 定期打开空气压缩机上储气罐的排积水阀门，排掉储气罐中的积水。

④ 气浮压力必须保持0.3～0.5MPa。低于0.3MPa时，将产生回流，此时需释放压力，重新启动设备。水箱必须加满，或水位至少高于加压水泵出水口，否则水泵中进入空气后无法运行。

⑤ 释放器如发生堵塞，需开大释放器阀门，对其进行冲洗。调节溶气压力时，需调节释放器阀门大小，以调节溶气压力。

⑥ 实验结束后，加压溶气需先打开放压阀，使其减压后，再将溶气水放空。

三、知识与能力训练

① 观察实验装置运行是否正常，气浮池内的气泡是否微小，若不正常，是什么原因？如何解决？

② 气浮形成的必要条件是什么？

③ 如何形成微小的气泡？

第五节 Fenton法降解亚甲基蓝实验

视频导学

一、学习任务

本节学习任务见表1-21。

Fenton法降解亚甲基蓝实验视频导学

表1-21 学习任务

实验内容		Fenton法降解亚甲基蓝实验		学时		6
任务描述		1.掌握Fenton试剂的组成、特征； 2.掌握Fenton试剂氧化降解有机物的原理； 3.掌握Fenton试剂降解有机物的影响因素； 4.掌握实验数据的分析、整理、计算； 5.熟悉根据数据处理绘制图表，并能进行分析和总结； 6.学会实验装置的调试和维护步骤； 7.具有团队协作、科学探索精神				
实施安排	实施环节	预习（导学）		实验		
	课时	0.5学时		5.5学时		
	完成形式	MOOC或教程	书面	线下	线上	线下	线下线上结合
要求		1.通过MOOC学习、查找资料、网络搜索、观看视频和录像，完成预习报告，格式见表1-1； 2.独立或合作完成整个实验流程，并能获得相应的实验数据，独立完成实验报告，格式见表1-2； 3.实验结束后进行自评、小组互评和教师评价，格式见表1-3； 4.具有一定的自学能力、协调能力和语言表达能力； 5.具有团队合作精神，以小组的形式完成学习任务； 6.遵守实验室纪律，不得迟到、早退； 7.积极参与小组讨论，严禁抄袭				

二、实验内容

（一）实验目的

① 了解Fenton试剂氧化降解水中有机污染物（如亚甲基蓝、甲基橙、农药）的原理。

② 熟悉Fenton试剂的制备、操作过程。

③ 掌握Fenton试剂处理废水的影响因素。

（二）实验原理

芬顿（Fenton）试剂对有机污染物的化学降解是前景广阔的高级氧化技术，具有反应快、降解完全等优点。Fenton试剂是由过氧化氢（H_2O_2）与Fe^{2+}的混合溶液组成的，具有强氧化性，可以将很多有机化合物如羧酸、醇、酯类氧化为无机物，氧化效果十分显著。Fenton法是针对难降解有机物处理的一种高级氧化工艺，Fenton试剂在pH=4的溶液中氧化能力仅次于氟气，可有效处理含酚类、芳香胺类、芳香烃类、农药等难降解有机废水。在Fe^{2+}的催化作用下，H_2O_2能产生活泼的羟基自由基，从而引发自由基链反应，加快有机物和还原性物质的氧化。Fenton试剂参与反应的主要控制步骤是自由基，尤其是·OH的产生及其与有机物相互作用的过程。整个反应体系十分复杂，其关键是通过Fe^{2+}在反应中起的激发和传递作用，使链的反应持续进行直到H_2O_2耗尽。Fenton试剂氧化过程一般在酸性条件下进行。其反应机理可归纳如下：

$$Fe^{2+}+H_2O_2 \longrightarrow Fe^{3+}+OH^-+·OH \tag{1-8}$$

$$RH+·OH \longrightarrow R·+H_2O \tag{1-9}$$

$$R·+Fe^{3+} \longrightarrow R^++Fe^{2+} \tag{1-10}$$

$$Fe^{2+}+O_2+2H^+ \longrightarrow Fe(OH)_2 \tag{1-11}$$

$$4Fe(OH)_2+O_2+2H_2O \longrightarrow 4Fe(OH)_3（胶体） \tag{1-12}$$

$$Fe^{3+}+3OH^- \longrightarrow Fe(OH)_3（胶体） \tag{1-13}$$

由此可见，Fenton试剂降解有机物的实质是·OH通过电子转移等途径引发自由基链反应，部分进攻有机物RH夺取氢，生成游离基R·，R·进一步降解为小分子有机物或者矿化成CO_2和H_2O等有机物。部分与有机物反应使C—C键或C—H键发生断裂，最终降解为无害物质。另外，生成的$Fe(OH)_3$胶体具有絮凝、吸附功能。

（三）实验材料与仪器

1. 实验试剂

① 亚甲基蓝储备液（10mg/L）：称取0.01g亚甲基蓝固体于烧杯中，溶解后转移至1000mL容量瓶，加入去离子水定容到刻度。

② 质量分数为30%的H_2O_2溶液，密度1.11g/mL。

③ 硫酸亚铁溶液（10g/L），临用前配制。

④ NaOH溶液（1mol/L）。

⑤ H_2SO_4溶液（0.5mol/L）。

⑥ 采用浓度为50mg/L的亚甲基蓝溶液作为模拟有机废水。称取0.025g亚甲基蓝固体，溶解后转移至500mL的容量瓶并定容，即得所需50mg/L的操作液，现配现用。

2. 实验仪器

① 分光光度计；

② pH计；

③ 恒温磁力搅拌器；

④ 烧杯（1000mL）、锥形瓶、容量瓶、量筒、移液管等玻璃仪器。

（四）实验步骤

1. 标准曲线的制作

具体操作步骤见第一章第三节。实验结果记录在表1-22中。将亚甲基蓝溶液的各个质量浓度和测好的吸光度作为横、纵坐标绘制出标准曲线。

2. 废水中亚甲基蓝去除率的计算

水样经Fenton氧化法处理后，在665nm波长处测得其吸光度，然后根据标准曲线计算水样经处理后的浓度，再根据初始质量浓度计算水样经处理后的去除率，以此来判断各个影响因素对处理效果的影响。

去除率的公式见式（1-14）：

$$\eta = \frac{C_0 - C_e}{C_0} \times 100\% \tag{1-14}$$

式中　η ——对亚甲基蓝废水的去除率，%；

　　　C_0 ——模拟废水中亚甲基蓝的初始质量浓度，mg/L；

　　　C_e ——经Fenton氧化法处理后废水中亚甲基蓝的质量浓度，mg/L。

3. 反应时间对亚甲基蓝去除率的影响

① 分别取100mL亚甲基蓝模拟废水置于6个锥形瓶中，编号1～6号。

② 用H_2SO_4溶液调节每个锥形瓶中废水pH为3。

③ 分别在1～6号锥形瓶中加入10mL $FeSO_4 \cdot 7H_2O$溶液（10g/L），开启恒温磁力搅拌器，使其充分混合溶解，待溶解后迅速分别加入2mL30%H_2O_2溶液，并以此作为反应的开始时间（$t=0$），直到反应结束。

④ 分别在不同反应时间0.5min、1min、2min、3min、4min、5min测亚甲基蓝的吸光度值，计算亚甲基蓝的去除率，并记录在表1-23中，确定最佳时间。

4. Fe^{2+}浓度对亚甲基蓝去除率的影响

① 分别取100mL废水置于6个锥形瓶中，编号1～6号。

② 用H_2SO_4溶液调节每个锥形瓶中废水pH为3。

③ 分别在1～6号锥形瓶中投加1mL、2mL、4mL、8mL、10mL、20mL的$FeSO_4 \cdot 7H_2O$溶液（10g/L），搅拌均匀，再分别加入2mL的30%H_2O_2溶液。

④ 将1～6号锥形瓶置于恒温磁力搅拌器，反应时间为步骤3确定的最佳时间。

⑤ 测定处理后的亚甲基蓝浓度并记录，计算亚甲基蓝的去除率，并记录在表1-24中。

5. H_2O_2溶液投加量对亚甲基蓝去除率的影响

① 分别取100mL废水置于6个锥形瓶中，编号1～6号。

② 用H_2SO_4溶液调节每个锥形瓶中废水pH为3。

③ $FeSO_4 \cdot 7H_2O$投加量控制在步骤4中得出的最佳投加量。

④ 分别向1～6号锥形瓶中加0.5mL、1mL、2mL、3mL、4mL、5mL的H_2O_2溶液。

⑤ 将1～6号锥形瓶置于摇床反应，时间为步骤3确定的最佳反应时间。

⑥ 测定处理后亚甲基蓝浓度并记录，计算亚甲基蓝的去除率，并记录在表1-25中。

6. pH对亚甲基蓝去除率的影响

① 分别取100mL废水置于6个锥形瓶中，编号1～6号。

② 用H_2SO_4溶液调节每个锥形瓶中的废水pH值分别为2、4、6、8。

③ 分别加入步骤4和步骤5确定的$FeSO_4 \cdot 7H_2O$溶液和H_2O_2溶液最佳投加量，开启恒温磁力搅拌器，按照步骤3确定的最佳反应时间使其充分混合溶解。

④ 测定处理后的亚甲基蓝浓度并记录，计算亚甲基蓝的去除率，记录在表1-26中。

（五）实验数据整理及分析

1. 实验数据记录

表1-22　亚甲基蓝的标准曲线实验数据记录

初始记录	储备液浓度：	mg/L；		室温：	℃	
加入储备液量/mL	0	5	10	15	20	25
亚甲基蓝溶液浓度 C/(mg/L)						
测定吸光度 A						
修正系数 A_0						

表1-23　反应时间对亚甲基蓝去除率的影响（pH=3）

编号	1	2	3	4	5	6
$FeSO_4 \cdot 7H_2O$ 投加量 /(mg/L)						
H_2O_2 投加量 /(mg/L)						
处理时间 /min						
处理前亚甲基蓝浓度 /(mg/L)						
处理后亚甲基蓝吸光度						
处理后亚甲基蓝浓度 /(mg/L)						
亚甲基蓝去除率 /%						

表1-24　$FeSO_4 \cdot 7H_2O$ 投加量对亚甲基蓝去除率的影响（pH=3）

编号	1	2	3	4	5	6
$FeSO_4 \cdot 7H_2O$ 投加量 /(mg/L)						
H_2O_2 投加量 /(mg/L)						
处理前亚甲基蓝浓度 /(mg/L)						
处理后亚甲基蓝吸光度						
处理后亚甲基蓝浓度 /(mg/L)						
亚甲基蓝去除率 /%						

表1-25　H_2O_2 投加量对亚甲基蓝去除率的影响（pH=3）

编号	1	2	3	4	5	6
$FeSO_4 \cdot 7H_2O$ 投加量 /(mg/L)						
H_2O_2 投加量 /(mg/L)						
处理前亚甲基蓝浓度 /(mg/L)						
处理后亚甲基蓝吸光度						
处理后亚甲基蓝浓度 /(mg/L)						
亚甲基蓝去除率 /%						

表1-26　pH对亚甲基蓝去除率的影响

编号	1	2	3	4
pH				
FeSO$_4$·7H$_2$O 投加量 /(mg/L)				
H$_2$O$_2$ 投加量 /(mg/L)				
处理前亚甲基蓝浓度 /(mg/L)				
处理后亚甲基蓝吸光度				
处理后亚甲基蓝浓度 /(mg/L)				
亚甲基蓝去除率 /%				

2. 实验结果整理和分析

① 分别以 FeSO$_4$·7H$_2$O 投加量、H$_2$O$_2$ 投加量、反应时间、pH 为横坐标，以亚甲基蓝去除率为纵坐标，绘制各影响因素和亚甲基蓝去除率曲线图。

② 根据曲线图确定 FeSO$_4$·7H$_2$O 最优投加量、H$_2$O$_2$ 最优投加量、最佳反应时间、最佳 pH。

③ 得出结论。

三、知识与能力训练

① 简述 Fenton 试剂在水污染控制中的适用范围和应用特点。

② 简述 Fenton 试剂降解亚甲基蓝的基本原理。

③ 影响 Fenton 试剂降解亚甲基蓝的因素有哪些？ pH 是如何影响的？

第六节　臭氧氧化处理有机废水实验

一、学习任务

本节学习任务见表1-27。

表1-27　学习任务

实验内容	臭氧氧化法处理有机废水实验		学时	4
任务描述	1. 掌握臭氧氧化的基本原理； 2. 掌握臭氧氧化的影响因素； 3. 了解臭氧制备的工艺流程及装置，掌握臭氧发生器的操作方法； 4. 掌握实验数据的分析、整理、计算； 5. 熟悉根据数据处理绘制图表，并能进行分析和总结； 6. 学会实验装置的调试和维护步骤； 7. 具有团队协作、科学探索精神			
实施安排	实施环节	预习（导学）		实验
	课时	0.5学时		3.5学时
	完成形式	MOOC或教程　书面　线下	线上	线下　线下线上结合

要求	1. 通过MOOC学习、查找资料、网络搜索、观看视频和录像，完成预习报告，格式见表1-1； 2. 独立或合作完成整个实验流程，并能获得相应的实验数据，独立完成实验报告，格式见表1-2； 3. 实验结束后进行自评、小组互评和教师评价，格式见表1-3； 4. 具有一定的自学能力、协调能力和语言表达能力； 5. 具有团队合作精神，以小组的形式完成学习任务； 6. 遵守实验室纪律，不得迟到、早退； 7. 积极参与小组讨论，严禁抄袭

二、实验内容

臭氧可以氧化废水中的不饱和有机物，而且还能使芳香烃化合物开环和部分氧化，使一些大分子有机物降解为小分子，提高废水的可生化性。臭氧极不稳定，在常温下分解为氧气，但其氧化能力强，对除臭、脱色、杀菌、去除有机物都有明显的效果，且不产生二次污染。制备臭氧的空气和电不必贮存和运输，操作管理也比较方便。

臭氧对水溶性染料、蛋白质、氨基酸、有机胺及不饱和化合物、酚和芳香族衍生物以及杂环化合物、木质素、腐殖质等有机物有强烈的氧化降解作用，还有强烈的杀菌、消毒作用。本实验采用臭氧来处理印染废水，从而了解臭氧处理工业废水的流程。

（一）实验目的

① 加深对臭氧氧化法处理废水机理的理解。

② 掌握臭氧氧化法处理废水的最佳条件实验方法。

③ 通过对印染废水的处理，了解臭氧处理工业废水的基本过程。

（二）实验原理

1. 臭氧的性质

臭氧（O_3）由三个氧原子构成，是O_2的同素异构体，常温常压下是具有鱼腥味的淡紫色气体。臭氧很不稳定，在常温下即可分解为氧气。臭氧的氧化电位为2.07V，氧化能力很强，仅次于氟。臭氧在水中分解产生原子氧和氧气，还可以产生一系列自由基，其反应式如下：

$$O_3 \longrightarrow O + O_2 \tag{1-15}$$

$$O + O_3 \longrightarrow 2O_2 \tag{1-16}$$

$$O + H_2O \longrightarrow 2HO\cdot \tag{1-17}$$

$$2HO\cdot \longrightarrow H_2O_2 \tag{1-18}$$

$$2H_2O_2 \longrightarrow 2H_2O + O_2 \tag{1-19}$$

臭氧在水溶液中的强烈氧化作用不是臭氧本身引起的，而主要是由臭氧在水中分解的中间产物$HO\cdot$及$HO_2\cdot$引起的。臭氧能与水中各种形态的污染物质（溶解、悬浮、胶体物质及微生物等）起反应，将复杂的有机物转化成简单有机物，使污染物的极性、生物降解性和毒性等发生改变。多余的O_3可自行分解为氧气。

臭氧氧化法处理废水使用的是含低浓度臭氧的空气或氧气。臭氧是一种不稳定、易分解的强氧化剂，因此要现场制造。臭氧氧化法水处理的工艺设施主要由臭氧发生器和气水接触设备组成。大规模生产臭氧的唯一方法是无声放电法。制造臭氧的原料气是空气或氧气，原料气必须经过除油、除湿、除尘等净化处理，否则会影响臭氧产率和设备的正常使用。用空气制成臭氧的浓度一般为$10 \sim 20mg/L$；用氧气制成臭氧的浓度为$20 \sim 40mg/L$。这种含有$1\% \sim 4\%$（质量比）臭氧的空气或氧气就是水处理时所使用的臭氧。

2.臭氧对有机物的氧化机理

臭氧对有机物的氧化机理大致包括三类。

① 夺取氢原子，并使链烃羰基化，生成醛、酮、醇或酸；芳香化合物先被氧化成酚，再氧化为酸。

② 打开双键，发生加成反应。

③ 氧原子进入芳香环发生取代反应。

3.臭氧氧化效果的影响因素

温度、压力、反应器的体积、反应器中臭氧在气相和液相中的浓度、液相中的pH值、气液流速、污染物的种类、污染物的浓度以及液相的组成等都会影响实验结果。

臭氧在水中的分解速度随着pH值的提高而加快。在pH＜4时，臭氧在水溶液中的分解可以忽略不计，其反应主要是溶解臭氧分子同被处理水溶液中还原性物质的直接反应；在pH＞4时，臭氧的分解便不可忽略，在pH更高时，臭氧主要是在·OH的催化作用下，经一系列链式反应分解成具有高反应活性的自由基而对还原性物质进行非选择性氧化降解。污水中有机物或无机物的物理化学性质与pH值有密切关系，臭氧吸收率与pH值也有一定关系。pH值在整个臭氧氧化过程会发生变化，主要是在中性或碱性条件下，pH值会随着氧化过程而呈下降趋势，其原因是有机物氧化成小分子有机酸或醛类物质。碱性条件下的污染物去除率高于酸性条件。

臭氧发生器所产生的臭氧通过气水接触设备扩散于待处理水中，通常采用微孔扩散器、鼓泡塔或喷射器、涡轮混合器等。臭氧的利用率要力求达到90%以上，剩余臭氧随尾气外排。为避免污染空气，尾气可用活性炭或霍加拉特剂催化分解，也可用催化燃烧法使臭氧分解。

（三）实验装置与材料

1.实验装置（图1-4）

① 臭氧发生器。

② 氧化塔：填料、喷头。

③ 尾气吸收装置：吸收塔、填料、吸收液箱。

④ 其他附属设备：磁力泵、连接管、进出水阀门、废水箱。

2.实验仪器

① COD测定装置；

② 分光光度计；

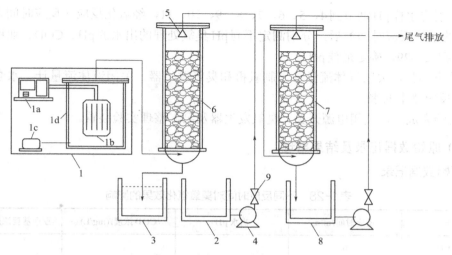

图 1-4　臭氧氧化处理废水实验装置图

1—臭氧发生器（1a—显示屏；1b—臭氧板；1c—小气泵；1d—臭氧发生室）；2—进水箱；3—废水箱；4—磁力泵；
5—喷头；6—氧化塔（带多孔填料）；7—吸收塔（带多孔填料）；8—吸收液箱；9—阀门

③ pH 计；

④ 常规玻璃仪器：烧杯、量筒、玻璃杯等。

3. 实验试剂和材料

① 重铬酸钾法测定 COD 试剂；

② NaOH 溶液（1mol/L）；

③ H_2SO_4 溶液（0.5mol/L）；

④ 废水：配制亚甲基蓝模拟废水（50～100mg/L）或其他高浓度印染废水。

（四）实验步骤

1. 亚甲基蓝溶液标准曲线的制作

见第一章第三节的实验步骤。

2. 废水中亚甲基蓝去除率的计算

见第一章第五节的实验步骤。

3. 不同反应时间对臭氧氧化效果的影响

① 仔细观察臭氧发生器装置的内、外结构及部件。

② 开启泵，将废水打入臭氧反应器，调整流量为 0.3g/L，同时测定原废水的 pH、COD 值。

③ 打开氧气瓶和减压阀，调整臭氧发生器的进气流量为 $0.1m^3/h$。

④ 打开电源开关，设置放电功率为 80%，使其产生稳定的臭氧浓度。

⑤ 经氧化反应 10min、20min、30min、40min、50min 后分别取一定的水样，分别测定不同氧化时间后出水的 pH、COD、亚甲基蓝浓度，填写到表 1-28，并确定最佳反应时间。

4. 废水 pH 对臭氧氧化效果的影响

① 开启泵，将废水打入臭氧反应器，调整流量为 0.3g/L，同时测定原废水的 pH、COD 值。

② 打开氧气瓶和减压阀，调整臭氧发生器的进气流量为 $0.1m^3/h$。

③ 打开电源开关，设置放电功率为 80%，使其产生稳定的臭氧浓度。

④ 分别将水样pH调节到4、5、6、7、8、9、10、11，经氧化反应（反应时间为实验步骤3确定的最佳反应时间）后，分别测定不同pH臭氧处理的出水的pH、COD、亚甲基蓝浓度，填写到表1-29，确定最佳pH。

⑤ 结束实验，关闭气体流量计、制氧机和臭氧发生器。关闭液体流量计、水泵及进水阀，排出反应器中的水。

⑥ 实验完成后，关闭电源开关、臭氧发生器及泵，整理实验装置。

（五）原始数据记录及结果整理

1. 原始数据记录

表1-28　不同反应时间对臭氧氧化效果的影响

水样	反应时间/min	出水pH	COD 浓度/(mg/L)	亚甲基蓝浓度/(mg/L)
1（原水样）	0			
2	10			
4	20			
4	30			
5	40			
6	50			

表1-29　不同pH对臭氧氧化效果的影响

水样	pH	出水pH	COD 浓度/(mg/L)	亚甲基蓝浓度/(mg/L)
1（原水样）				
2	4			
3	5			
4	6			
5	7			
6	8			
7	9			
8	10			
9	11			

2. 实验数据处理

① 绘制COD、亚甲基蓝浓度去除率随时间的变化曲线。

② 绘制pH随反应时间的变化曲线。

③ 绘制废水pH对COD、亚甲基蓝去除率的变化曲线。

④ 计算COD、亚甲基蓝的去除率。

⑤ 试着测试原水和出水的BOD_5，计算原水可生化性。

三、知识与能力训练

① 为什么臭氧氧化对TOC（总有机碳）的去除率不是很高？

② 废水的高级氧化技术还有哪些方法？

② 试分析原水可生化性的变化。

第七节　电渗析净化水实验

电渗析净化水实验视频导学

一、学习任务

本节学习任务见表1-30。

表1-30　学习任务

实验内容	电渗析净化水实验		学时	4
任务描述	1.掌握电渗析的基本概念及原理； 2.掌握电渗析的构造； 3.熟悉电渗析仪的应用； 4.掌握实验数据的分析、整理、计算； 5.熟悉根据数据处理绘制图表，并能进行分析和总结； 6.学会实验装置的调试和维护步骤； 7.具有团队协作、科学探索精神			
实施安排	实施环节	预习（导学）	实验	
	课时	0.5学时	3.5学时	
	完成形式	MOOC或教程　书面　线下	线上　线下　线下线上结合	
要求	1.通过MOOC学习、查找资料、网络搜索、观看视频和录像，完成预习报告，格式见表1-1； 2.独立或合作完成整个实验流程，并能获得相应的实验数据，独立完成实验报告，格式见表1-2； 3.实验结束后进行自评、小组互评和教师评价，格式见表1-3； 4.具有一定的自学能力、协调能力和语言表达能力； 5.具有团队合作精神，以小组的形式完成学习任务； 6.遵守实验室纪律，不得迟到、早退； 7.积极参与小组讨论，严禁抄袭			

二、实验内容

（一）实验目的

① 了解离子在电渗析膜上的定向迁移作用。

② 了解电渗析仪的构造。

③ 掌握电渗析仪的操作技术。

④ 测定电渗析仪处理废水（去离子）的效果。

（二）实验原理

电渗析膜是由离子交换树脂经特殊加工而成，故也有阳膜、阴膜之分。阳膜能与阳离子起交换作用，阴膜能与阴离子起交换作用。在外加电场的作用下，被交换膜交换的离子能向相应的电极方向移动。被阳膜交换的阳离子向负极方向移动，被阴膜交换的阴离子向正极方向移动。

在容器中装有正、负两个电极和阴、阳两块交换膜。设一开始容器中溶液的离子浓度是均匀的，在外加电场后，阴膜与阳膜之间溶液中的阴阳离子开始定向地向两边迁移。随着时间的延长，阴膜、阳膜之间溶液中的离子浓度愈来愈低，直至一个极限。根据这一原理，可进行水的去离子处理，如对海水的脱盐处理、处理废水中的重金属、酚、氰等。

在实际生产中采用许多对阴、阳交换膜同时进行处理，以加大废水处理量，如图1-5所示为电渗析工艺流程图。

如果将左右两端电极的极性调换，则正负离子的迁移方向随之相反，原来的淡室变为浓室，原来的浓室则变为淡室。此外，处理出水口与浓缩出水口也随之互换。在处理过程中经常通过变换电极极性，延长交换膜的寿命，提高处理效果。

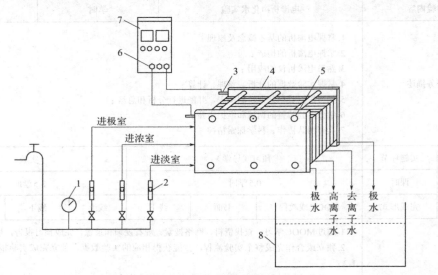

图1-5　电渗析工艺流程图

1—压力表；2—流量计；3—电极；4—电渗析组件；5—吊紧螺栓；6—倒极按钮；7—智能隔离型安全直流电源；8—下水槽

（三）实验设备及材料

1. 电渗析实验装置

电渗析实验装置主要用于去除废水中的阴阳离子，脱除自来水中的盐分，或者去除废水中的重金属离子，去除率≥85%（如果要对废水进行脱重金属处理，则要另配废水箱和进水泵）。主要组成如下：

① 电渗析槽。

② 直流电源部分：采用智能型连续可调电压的直流输出电源，输出电压0 ～ 60V连续可调，工作电流0 ～ 5A，过流自动保护。主要由电源调整部分、进水调节部分和电渗析器这三部分所构成。

直流电源的使用步骤如下：用导线将直流电源的输出端与电渗析器的电极相连；将直流电源的电压粗调向左旋到底；在电渗析器正常通水的条件下，按下电源按钮，显示屏亮；慢慢向右调节电压粗调，使电压显示屏显示所需要的电压，再使用电压细调精确调节所需要的电压；电压调节完毕，电流显示屏显示的是目前电渗析器的工作电流；电流保护调节钮在出厂时已经调节好，无须再调节；电渗析器工作一段时间后，需要更换直流电源的极性，此时按下换极按钮，电源的直流输出极性即发生转换。

③ 交换膜组件部分采用钛电极作为正、负电极。将40对交换膜（一张阳膜和一张阴膜为一对）分12段串联，以提高处理效率。在膜组件旁边安装有压力表和流量计，用于观察进水压力和调节进水流量。出水管有三个，分别为极水管（始终不变）、浓水管、淡水管，后两个出水管的出水性质随直流电源极性的改变而改变。

④ 水量调节器由压力表和流量计构成，可以在一定范围内调节流量。压力表主要用于指示电渗析器的进水压力。压力一般不能超过0.2MPa，否则将影响电渗析器的正常工作。

2. 其他实验仪器

电导电极，电导率仪（或万用电表），烧杯（50mL）。

3. 水质的测定（电导法）

根据溶液中离子浓度越高其电导值越大、离子浓度越低其电导值越小的原理，可以用电导法来测定进水、出水（极室水、浓缩水、处理水）的电导值，以了解各自的水质情况，并可计算出处理水的离子去除率。

在没有电导仪的情况下可用万用电表来测量溶液的电阻值（R），根据电导值$=1/R$来计算离子的去除率。本实验采用自来水作为进水进行电渗析去离子处理，可获得去离子水。

（四）实验步骤

① 确定实验条件，包括进水流量、交换膜的直流工作电压和处理时间。如采用自来水进行脱盐处理实验，则将进水管直接与自来水相接，实验结果采用盐度计或电导仪检测；如要对废水（或人工配制的模拟废水）进行脱重金属离子的处理实验，则将废水倒入进水箱，用水泵泵入电渗析反应器。实验结果采用相应的化学法或仪器进行检测。

② 观察了解电渗析仪的构造以及连接情况（包括电源部分、电渗析器、电极、进水调节部分）。实验前检查直流电源发生器，将电压输出调节器向左调至零位，将电源开关按到"关"状态。

③ 打开进水阀，将进水调节器的流量计调至7.5L/h的刻度上，此时进水流入电渗析器。当电渗析器出水口出水稳定之后（大概需5min），开始计时。经过10min、20min、30min的处理时间后分别从三个出水口取水样测定各自的电阻值，然后开启整流器，将整流器输出电压调节器调至输出电压为50V，稳定工作5min。用烧杯接三个出水口的出水约30mL，分别测定总盐度或电导率（或测定重金属离子的含量）并记录。

④ 当以上实验达到预定结果后，将整流器输出电压调至零。按一下极性转换按钮，此时直流电源的输出极性与刚才相反，电渗析反应器中的离子迁移方向也随之相反。因此，原来的淡室出水变为浓室出水，浓室出水变为淡室出水。接着调节输出电压到50V，稳定工作5min。在不同处理时间用烧杯接三个出水口出水约30mL，分别测定总盐度或电导率（或测定重金属离子的含量）并记录。

⑤ 测定完毕，将直流电源控制器调至零电压，关闭电源开关。如采用自来水做实验，则直接关闭自来水即可。如用废水做实验，则排空进水箱中的废水，换成自来水，开启水泵，用自来水清洗电渗析反应器，以备下次实验使用。

（五）原始数据记录及结果整理

① 原始数据整理。将实验数据记录于表1-31中。

表1-31　实验数据记录

状态	水样	10min			20min			30min		
		电阻值/kΩ	电导率值/(μS/cm)	离子去除率/%	电阻值/kΩ	电导率值/(μS/cm)	离子去除率/%	电阻值/kΩ	电导率值/(μS/cm)	离子去除率/%
未通电	原水样									
通电后	1#室出水									
	2#室出水									
	3#室出水									
倒换电极后	1#室出水									
	2#室出水									
	3#室出水									

② 根据表1-31的实验结果判断1#室出水、2#室出水、3#室出水中哪个是极室出水、浓缩出水和处理出水。

③ 计算正极、倒极出水的处理效果，以确定是否达到处理要求。

三、知识与能力训练

① 将实验所测结果填入记录表内，并计算出处理水离子去除率。

② 根据所测的各个出水口电导值（或电阻值）数据，比较它们的大小，试解释原因。

③ 将电源输出极性倒换后各出水口发生了什么变化？为什么？

第八节　活性污泥的培养驯化实验

视频导学

活性污泥的培养驯化实验视频导学

一、学习任务

本节学习任务见表1-32。

表1-32　学习任务

实验内容	活性污泥的培养驯化实验	学时	6 ~ 8
任务描述	1. 掌握活性污泥的特征和活性污泥生长的影响因素； 2. 熟悉活性污泥微生物从污水中连续去除有机物的过程； 3. 掌握活性污泥的评价指标； 4. 掌握实验数据的分析、整理、计算；		

任务描述		5. 熟悉根据数据处理绘制图表，并能进行分析和总结； 6. 学会实验装置的调试和维护步骤； 7. 具有团队协作、科学探索精神				
实施安排	实施环节	预习（导学）		实验		
	课时	0.5学时		5.5～7.5学时		
	完成形式	MOOC或教程	书面	线上	线下	线下线上结合
					线下	
要求		1. 通过MOOC学习、查找资料、网络搜索、观看视频和录像，完成预习报告，格式见表1-1； 2. 独立或合作完成整个实验流程，并能获得相应的实验数据，独立完成实验报告，格式见表1-2； 3. 实验结束后进行自评、小组互评和教师评价，格式见表1-3； 4. 具有一定的自学能力、协调能力和语言表达能力； 5. 具有团队合作精神，以小组的形式完成学习任务； 6. 遵守实验室纪律，不得迟到、早退； 7. 积极参与小组讨论，严禁抄袭				

二、实验内容

（一）实验目的

① 加深对活性污泥法作用机理及主要技术参数的理解。

② 掌握培养驯化活性污泥的基本方法。

③ 掌握SV、SVI、MLSS、MLVSS的测定。

（二）实验原理

废水的生化处理法就是利用自然界广泛存在的、以有机物为营养物质的微生物来降解或分解废水中溶解状态和胶体状态的有机物，并将其转化为CO_2和H_2O等稳定无机物的方法，通常又称为生物处理法。

活性污泥法即普通活性污泥法或传统活性污泥法，其工艺流程由曝气池、二次沉淀池、曝气设备以及污泥回流设备等组成。

在活性污泥法中起主要作用的是活性污泥，由具有活性的微生物、微生物自身氧化的残留物、吸附在活性污泥上不能被微生物所降解的有机物和无机物组成。活性污泥微生物从污水中连续去除有机物的过程包括初期去除与吸附作用、微生物的代谢作用、絮凝体的形成与凝聚沉淀。

水温、pH值、溶解氧（DO）、营养物质及有毒物质、F/M（污泥负荷）等因素都会影响活性污泥法的处理效果，而活性污泥法处理设备的任务就是要创造有利于微生物生理活动的环境条件，充分发挥活性污泥微生物的代谢功能。

活性污泥的评价指标一般有生物相、混合液悬浮固体浓度（MLSS）、混合液挥发性悬浮固体浓度（MLVSS）、污泥沉降比（SV）、污泥容积指数（SVI）等。

（三）实验设备

① 推流式活性污泥实验装置见图1-6，主要有进水箱、进水泵、流量计、曝气池（压缩

空气供给系统）、竖流式沉淀池、排泥箱、配水系统等，反应器均由有机玻璃制成。也可以用其他活性污泥反应器进行污泥的驯化和培养。

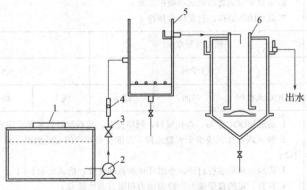

图1-6　推流式活性污泥实验装置

1—进水箱；2—进水泵；3—进水阀；4—流量计；5—曝气池（含鼓风曝气设备）；6—竖流式沉淀池

② 其他实验仪器：电子分析天平、量筒、烘箱、称量瓶、滤纸、干燥器、抽滤装置、马弗炉。

（四）实验废水

1. 废水

本实验用葡萄糖作为自配合成废水原料。根据资料，1g葡萄糖对应1.067g COD，1g葡萄糖对应0.53g BOD$_5$。因此，可根据培养活性污泥的曝气池体积计算需配制一定浓度废水应加的葡萄糖质量。

2. 营养液

根据微生物细胞分子组成，可以估算出活性污泥法所需N、P营养元素质量，一般估算比例为BOD$_5$：N：P=100：5：1，可以根据曝气池内BOD$_5$量估算出所需加的营养液质量。微生物细胞组成中还含有钙、镁、铁等微量元素，因此营养液中还需加入这些微量元素。在表1-33中记录经计算应加入K$_2$HPO$_4$和NH$_4$Cl的质量，实际操作时，可用移液管准确量取已配好的营养液加入曝气池中。

（五）实验步骤

① 将已有的活性污泥加入实验装置的曝气池中作为菌种，加自来水至刻度高度，使实验曝气池中活性污泥浓度（MLSS）为2000～3000mg/L。

② 根据曝气池体积，计算应加入的葡萄糖质量（W_1）并做好记录，使曝气池内BOD$_5$浓度为250mg/L。

③ 开启曝气阀门进行曝气，曝气过程中测定SV、MLSS、MLVSS并记录。曝气时间为20h。

④ 关闭空气阀门，沉淀30min，小心地用虹吸管排出上清液后，再向曝气池中加自来水，并称取葡萄糖质量W_1加入曝气池，开启曝气阀门继续再曝气一天，测定SV并记录。

⑤ 重复步骤④，使活性污泥在BOD$_5$浓度为250mg/L的条件下驯化三天。最后一天加测MLSS、MLVSS，并做好记录。

⑥ 关闭空气阀门，沉淀30min，小心地用虹吸管排出上清液后，再向曝气池中加自来水，并称取葡萄糖 W_2（使曝气池内 BOD_5 浓度为500mg/L）加入曝气池，开启曝气阀门继续再曝气一天，测定SV并记录。

⑦ 重复步骤⑥两次，使活性污泥在 BOD_5 浓度为500mg/L条件下驯化三天。最后一天加测MLSS、MLVSS，记录至表1-34。

⑧ 改变加入葡萄糖的质量 W_3，使曝气池内 BOD_5 浓度为750mg/L，曝气一天，测定SV值。重复沉淀、加葡萄糖、曝气的步骤，使活性污泥在 BOD_5 浓度为750mg/L条件下驯化三天。最后一天曝气时加测MLSS、MLVSS，并分别记录。

⑨ 改变加入葡萄糖的质量 W_4，使曝气池内 BOD_5 浓度为1000mg/L，曝气一天，测定SV值，重复沉淀、加葡萄糖、曝气的步骤，使活性污泥在 BOD_5 浓度为1000mg/L条件下驯化三天。最后一天曝气时加测MLSS、MLVSS，并分别记录。

（六）实验数据记录与分析

① 将数据记录于表1-33和表1-34中。

表1-33　葡萄糖加入量记录

培养时间/d	1	2	3	4	5	6	7	8	9	10	11	12
曝气池内 BOD_5 浓度/(mg/L)		250			500			750			1000	
曝气池体积/L												
葡萄糖加入量/g												
K_2HPO_4/g												
NH_4Cl/g												

表1-34　活性污泥培养记录

培养时间/d	0	1	2	3	4	5	6	7	8	9	10	11	12
SV/%													
MLSS/(mg/L)	—	—	—	—	—		—	—		—	—		—
MLVSS/(mg/L)													
SVI/(mL/g)	—	—	—	—	—		—	—		—	—		—

② 写出葡萄糖加入量的计算步骤。

③ 记录活性污泥培养过程中不同的指标。

④ 根据SVI值来判断培养的活性污泥的活性。

⑤ 比较推流式活性污泥反应器、SBR反应器、表面曝气活性污泥反应器中的污泥生长状况。

三、知识与能力训练

① 在工程实践中，如何培养活性污泥？

② 在活性污泥法运行管理中，一般需控制哪些参数？如何实现对这些参数的调控以达到该工艺的良好运行？

③ 谈谈本次实验亲自动手独立培养活性污泥的体会。

第九节　活性污泥性质的测定实验

活性污泥性质的
测定实验视频
导学

一、学习任务

本节学习任务见表1-35。

表1-35　学习任务

实验内容		活性污泥性质的测定实验	学时	4～6
任务描述		1. 掌握SV$_{30}$、MLSS、MLVSS、SVI等指标测定和计算方法； 2. 掌握活性污泥活性与SV、MLSS、MLVSS、SVI等指标的关系； 3. 掌握上述指标与剩余污泥排放量及处理效果的密切关系； 4. 掌握实验数据的分析、整理、计算； 5. 熟悉根据数据处理绘制图表，并能进行分析和总结； 6. 学会实验装置的调试和维护步骤； 7. 具有团队协作、科学探索精神		
实施安排	实施环节	预习（导学）	实验	
	课时	0.5学时	3.5～5.5学时	
	完成形式	MOOC或教程　　书面　　线下	线上　　线下　　线下线上结合	
要求		1. 通过MOOC学习、查找资料、网络搜索、观看视频和录像，完成预习报告，格式见表1-1； 2. 独立或合作完成整个实验流程，并能获得相应的实验数据，独立完成实验报告，格式见表1-2； 3. 实验结束后进行自评、小组互评和教师评价，格式见表1-3； 4. 具有一定的自学能力、协调能力和语言表达能力； 5. 具有团队合作精神，以小组的形式完成学习任务； 6. 遵守实验室纪律，不得迟到、早退； 7. 积极参与小组讨论，严禁抄袭		

二、实验内容

（一）实验目的

① 加深对活性污泥的培养以及驯化完成的污泥性状的理解。

② 加深对活性污泥沉降比、污泥容积指数和污泥浓度的理解。

③ 掌握常规污泥性质（SV$_{30}$、MLSS、SVI）的测定方法和计算方法。

（二）实验原理

活性污泥是人工培养的生物絮凝体，是由好氧微生物及其吸附的有机物组成的。活性污泥具有吸附和分解废水中的有机物（也可利用有些无机物质）的能力，显示出生物化学活性。在生物处理废水设备的运行管理中，除用显微镜观察外，下面几种污泥性质是经常要测定的。这些指标反映了污泥的活性，与剩余污泥排放量及处理效果等都有密切关系。

1. 污泥沉降比（SV）

指曝气池混合液在量筒内静置30min后所形成沉淀污泥的体积占原混合液的体积百分

比，见式（1-20）：

$$SV = \frac{V_1}{V} \times 100\%$$

（1-20）

式中，V_1 为污泥体积，mL；V 为混合液体积，mL。

2. 污泥浓度（MLSS）

指单位体积曝气池混合液中所含污泥的干重，即混合液悬浮固体浓度，单位为 g/L 或 mg/L。MLSS 的计算公式见式（1-21）：

$$MLSS = \frac{W_2 - W_1}{V} \times 1000$$

（1-21）

式中，W_1 为（称量瓶+滤纸）质量，g；W_2 为（称量瓶+滤纸+干污泥）质量，g；V 为混合液体积，mL。

3. 污泥容积指数（SVI）

指曝气池混合液经 30min 静沉后，1g 干污泥所占容积，单位为 mL/g。SVI 值能较好地反映活性污泥的松散程度（活性）和凝聚、沉淀性能。一般 SVI 在 100 左右为宜。SVI 的计算公式见式（1-22）：

$$SVI = \frac{SV}{MLSS}$$

（1-22）

4. 污泥灰分

指干污泥经灼烧后（600℃）剩下的灰分。计算公式见式（1-23）：

$$污泥灰分 = \frac{灰分质量}{干污泥质量} \times 100\%$$

（1-23）

5. 挥发性污泥浓度（MLVSS）

指单位体积曝气池混合液中所含挥发性污泥的干重，即混合液挥发性悬浮固体浓度，单位为 g/L。计算公式见式（1-24）：

$$MLVSS = \frac{干污泥质量 - 灰分质量}{曝气池混合液体积} \times 1000$$

（1-24）

在一般情况下，MLVSS/MLSS 的比值较固定，对于生活污水处理池的活性污泥混合液，其比值常在 0.75 左右。

（三）实验装置与设备

① 过滤装置 1 套（包括漏斗 1 个，漏斗架 1 个，烧杯 1 个，定量滤纸若干，玻璃棒 1 根）。

② 称量瓶、量筒、镊子、坩埚、电子分析天平、烘箱、马弗炉。

③ 好氧活性污泥来源于正常运行的生化反应器（如 SBR、活性污泥曝气池等反应器）中。

（四）实验步骤及记录

1. 污泥沉降比（SV）的测定

① 将100mL量筒洗净，采用虹吸法在曝气池中取混合均匀的泥水混合液100mL，静置，同时开始计时；

② 观察活性污泥凝聚沉淀过程，并在第1min、2min、3min、5min、10min、15min、20min、30min分别记录污泥界面以下的污泥体积；

③ 沉降30min后污泥体积V_1与原混合液体积（100mL）之比即为污泥沉降比。

2. 污泥浓度（MLSS）的测定

① 将定量滤纸置于称量瓶中，放入105℃烘箱中干燥至恒重（约2h），冷却至室温称量并记录W_1；

② 将该滤纸展开放在漏斗上，将测定过SV的100mL量筒内的污泥连同上清液倒入漏斗，进行过滤，用蒸馏水润洗量筒，润洗液也倒入漏斗；

③ 过滤后，用镊子将装有污泥的滤纸移入称量瓶中，再放入烘箱（105℃）中烘干至恒重（约3h），冷却至室温称量并记录W_2。

3. 活性污泥灰分的测定

① 瓷坩埚放在马弗炉（600℃）中烘干至恒重，冷却称重并记录W_3；

② 将经过上述步骤的污泥和滤纸一并放入瓷坩埚中，先在普通电炉上加热碳化，然后放入马弗炉内（600℃）中灼烧40min，取出后放入干燥器内冷却至室温，称重并记录W_4。

将步骤1、2、3的实验数据记录到表1-36和表1-37中。

（五）实验原始数据记录

表1-36 活性污泥静沉情况记录

静沉时间/min	1	2	3	5	10	15	20	30
污泥体积V_1/mL								
污泥沉降比（SV）/%								

表1-37 活性污泥性能参数测定实验原始记录

混合液体积V	mL	静沉30min后污泥体积V_2	mL
（称量瓶+滤纸）质量W_1	g	（称量瓶+滤纸+干污泥）质量W_2	g
瓷坩埚质量W_3	g	滤纸灰分W_5	g
（瓷坩埚+滤纸灰分+污泥灰分）质量W_4		g	
小组成员			
使用仪器名称及型号			

（六）实验结果整理和分析

1. 基本参数整理

实验日期：_____   混合液来源：_____   混合液体积：$V=$_____mL

2. 实验数据整理及分析

① 计算污泥沉降比（SV），绘制100mL量筒中污泥容积随沉淀时间的变化曲线。

② 计算干污泥质量（g）。

③ 计算污泥浓度（MLSS，g/L）。

④ 计算污泥容积指数（SVI，mL/g），判断该活性污泥的活性，并说明依据。

⑤ 计算污泥灰分质量（g）和污泥灰分比例。

⑥ 计算挥发性污泥浓度（MLVSS，mg/L）。

根据①~⑥的指标计算，说明该活性污泥的特征。

三、知识与能力训练

① 通过实验测定的活性污泥的性能指标来判断活性污泥的性能。

② 活性污泥的各项性能指标有什么意义？

③ 简述污泥沉降比和污泥指数二者的区别和联系。

第十节　废水可生化性测定实验

视频导学

废水可生化性测
定实验视频导学

一、学习任务

本节学习任务见表1-38。

表1-38　学习任务

实验内容	废水可生化性测定实验			学时		4
任务描述	1. 掌握实验数据的分析、整理、计算； 2. 熟悉根据数据处理绘制图表，并能进行分析和总结； 3. 学会实验装置的调试和维护步骤； 4. 具有团队协作、科学探索精神					
实施安排	实施环节	预习（导学）		实验		
	课时	0.5学时		3.5学时		
	完成形式	MOOC或教程	书面	线下	线上	线下	线下线上结合
要求	1. 通过MOOC学习、查找资料、网络搜索、观看视频和录像，完成预习报告，格式见表1-1； 2. 独立或合作完成整个实验流程，并能获得相应的实验数据，独立完成实验报告，格式见表1-2； 3. 实验结束后进行自评、小组互评和教师评价，格式见表1-3； 4. 具有一定的自学能力、协调能力和语言表达能力； 5. 具有团队合作精神，以小组的形式完成学习任务； 6. 遵守实验室纪律，不得迟到、早退； 7. 积极参与小组讨论，严禁抄袭					

二、实验内容

根据微生物的降解性能，有机污染物可分为三种类型：可生物降解的有机污染物、难生物降解的有机污染物、不可生物降解的有机污染物。

若进一步考虑其毒性，前两类有机污染物又可细分为四种类型：①既能为微生物所降解，又不对微生物的生理功能产生抑制作用的有机污染物；②虽能被微生物降解，但对微生物具有毒害作用的有机污染物；③微生物难以降解，但对微生物无毒的有机污染物；④既难以被微生物降解，又对微生物具有毒害作用的有机污染物。

在这四种类型的有机污染物中，第一种因其良好的生物降解性，适宜采用生物处理技术进行处理；第二种经过对微生物的适当驯化，也有可能采用生物处理技术；而第三种，虽然采用生物处理技术存在一定难度，但经过较长时间的微生物诱导驯化，仍有可能实现；至于第四种，由于其难以降解且对微生物有毒害作用，因此不宜采用生物处理技术进行处理。

（一）实验目的

① 本实验通过测定微生物的呼吸耗氧特性来确定某种废水是否具有进行生化处理的可能性。

② 通过该实验测定出某种废水是否具有进行生化处理的可能性以及该废水进行生化处理的速率。

③ 通过该实验了解溶解氧仪的工作原理和使用技术。

（二）实验原理

微生物降解有机污染物的物质代谢过程中所消耗的氧包括两部分：①氧化分解有机物，使其分解为 CO_2、H_2O、NH_3（存在含氮有机物时）等，为合成新细胞提供能量；②供微生物进行内源呼吸，使细胞物质氧化分解。下式可以说明物质代谢过程中的这一关系。

$$8CH_2O+3O_2+NH_3 \longrightarrow C_5H_7NO_2+3CO_2+6H_2O$$

$$3CH_2O+3O_2 \longrightarrow 3CO_2+3H_2O+ 能量$$

$$5CH_2O+NH_3 \longrightarrow C_5H_7NO_2+3H_2O$$

从上述反应式可知，约1/3的 CH_2O（酪蛋白）被微生物氧化分解为 CO_2、H_2O，同时产生能量供微生物合成新的细胞，这一过程要消耗氧。

内源呼吸反应式为

$$C_5H_7NO_2+5O_2 \longrightarrow 5CO_2+NH_3+2H_2O$$

由上反应式可知，内源呼吸过程氧化1g微生物需氧气1.42g（$5O_2/C_5H_7NO_2=160/113=1.42$），微生物进行物质代谢过程的需氧速率可以用下式表示：

$$总的需氧速率＝合成细胞的需氧速率＋内源呼吸的需氧速率$$

如果污水的组分对微生物生长无毒害抑制作用，微生物与污水混合后立即大量摄取有机物合成新细胞，同时消耗水中的溶解氧。溶解氧的吸收量（即消耗量）与水中的有机物浓度有关，实验开始时，间歇进料生物反应器内有机物浓度较高，微生物吸收氧的速率较快，随着有机物浓度逐渐降低，氧吸收速率也逐渐减慢，最后等于内源呼吸速率。如果污水中的某一种或几种组分对微生物的生长有毒害抑制作用，微生物与污水混合后，其降解利用有机物的速率便会减慢或停止，利用氧的速度也将减慢或停止。因此，可以通过试验测定活性污泥的呼吸速率，用氧吸收量累计值与时间的关系曲线、呼吸速率与时间的关系曲线来判断某种污水生物处理的可能性，或某种有毒有害物质进入生物处理设备的最大允许浓度。

呼吸反应可用图1-7来表示。

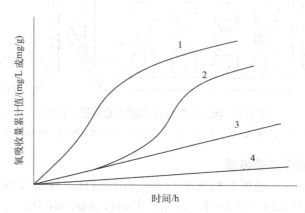

图1-7　不同物质对微生物氧吸收过程的影响曲线

1—易降解；2—经驯化后能降解；3—内源呼吸；4—有毒

图1-7中，曲线3代表没有添加呼吸基质（即被测废水）的呼吸反应，这属于微生物的内源呼吸。如果被测废水的反应曲线如曲线1所示，那么说明该废水中含有丰富的有机物质，这些物质可以被微生物作为呼吸基质有效利用，因此其反应曲线会明显高于曲线3。当被测废水的反应曲线类似于曲线2时，表明废水中能被微生物利用的物质相对较少，因此其曲线仅略高于曲线3，这种情况下，废水可能不适合进行生化处理。如果被测废水的反应曲线低于曲线3（如曲线4所示），则意味着废水中含有某些对微生物具有抑制或毒害作用的物质，这些物质会阻碍微生物的正常呼吸作用。因此，其反应曲线会低于曲线3，这种废水显然不适合进行生化处理。综上所述，通过测定微生物对废水的呼吸反应，可以迅速且简便地评估废水的可生化性程度。

废水可生化性的测定方法主要有以下几种。①使用BOD测定仪测定微生物在利用废水中的有机物作为呼吸基质时，呼吸过程中氧气的消耗和二氧化碳的产生量。这种方法可以间接反映微生物对该废水中有机物的降解能力。通过与未添加呼吸基质的呼吸反应对比，可以判断该废水是否适合生化处理。②利用溶解氧仪来监测反应器中混合溶液的溶解氧变化，从而得到微生物的呼吸耗氧曲线。通过观察耗氧曲线（图1-7），可以判断废水的可生化性。③计算废水的BOD_5与COD之比，若该比值大于0.3，则废水可能具有较好的可生化性。但此方法存在一定的不确定性。④根据有机物的去除效果来评价废水的可生化性。⑤其他方法，包括测定活性细菌的数量变化和脱氢酶的活性等。

在本实验中，选择使用溶解氧仪来测试反应器中溶解氧的变化，因为这种方法简便易行，结果准确，能够直接用于判断废水的可生化性。

（三）实验设备和实验材料

本实验通过测定反应器混合溶液中溶解氧的变化，获得微生物的氧消耗量，得到微生物的呼吸耗氧曲线，从而快速、简便地判断某种废水的可生化性程度。装置示意图见图1-8。

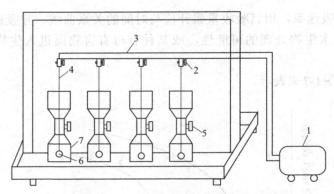

图 1-8　废水可生化性测定实验装置示意图

1—空气泵；2—曝气调节阀；3—曝气总管；4—乳胶管；5—密封阀门；6—曝气头；7—曝气瓶

1. 废水可生化性测定实验装置

包括：①曝气瓶4只，透明有机玻璃材质，容积约1L，配放空阀；②低噪声充氧泵，配气体流量计1只，量程0.25～2.5m³/h；③充氧头6只，铜球阀6只；④桌面溶解氧测定仪。

2. 其他玻璃仪器

100mL量筒、烧杯等。

3. 实验试剂和材料

苯酚溶液（100mg/L）、亚甲基蓝溶液（50mg/L）、营养液（组成见表1-39）及自来水。活性污泥来自运行良好的生化反应器或城市污水处理厂二沉池的污泥。

表1-39　营养液组成

基质名称	浓度/(mg/L)	基质名称	浓度/(mg/L)	基质名称	浓度/(mg/L)
葡萄糖	500	NH_4Cl	115	K_2HPO_4	45
$FeSO_4 \cdot 7H_2O$	10	$MgSO_4 \cdot 7H_2O$	12	$CaCl_2$	30
Na_2CO_3	120	$NaHCO_3$	235	自来水	

（四）实验步骤

① 提前将活性污泥曝气24h，使其中的微生物处于饥饿状态。

② 将自来水、苯酚溶液、亚甲基蓝溶液和营养液分别倒入对应的曝气瓶中，并在曝气瓶上做好标记，倒入的水样体积（大概650mL）要超过曝气瓶的阀门3～5cm为宜。

③ 将曝气瓶放到曝气台上，将对应的砂芯曝气头放入相应的曝气瓶中。插上曝气泵的电源，曝气泵开始工作，砂芯曝气头上有气泡冒出。通过调节空气流量控制阀门来控制砂芯曝气头的曝气量。观察砂芯曝气头的曝气量，一般不要开得太大，以防止被测定废水从瓶中溢出。

④ 连续对曝气瓶中的废水曝气1～2h后，关闭曝气泵，从曝气瓶中拿出曝气头，关闭曝气瓶阀门，倒掉阀门以上的废水。将活性污泥静置沉淀30min，去除上清液，打开曝气瓶阀门，从曝气瓶口加入活性污泥20～30mL（视污泥质量而定）。关闭曝气瓶阀门，倒掉阀门以上的废水，摇匀瓶中液体。

⑤ 打开曝气瓶阀门，将溶解氧测定仪的氧探头轻轻放入曝气瓶中，分别测定四个曝气

瓶中的溶解氧浓度，并记录结果到表1-40。测定完毕，关闭曝气瓶阀门。

⑥ 每隔20min取出曝气瓶，打开曝气瓶阀门，对各个曝气瓶中的溶解氧测定一次。直到溶解氧浓度低于1mg/L。

⑦ 记录每次测定的溶解氧浓度，并计算耗氧速率，填写到表1-41。

⑧ 通过活性污泥微生物呼吸曲线与耗氧速率曲线分析，可以得到某一废水在单位时间内的溶解氧消耗情况，从而了解到该废水的可生化性程度。

（五）实验数据记录与结果

① 记录不同反应器在不同时间测定的溶解氧浓度到表1-40中。以时间t为横坐标，溶解氧浓度为纵坐标，将各反应器的溶解氧浓度变化在同一坐标上绘制活性污泥微生物呼吸曲线。

表1-40　溶解氧浓度数据记录

自来水溶液		营养液		苯酚溶液		亚甲基蓝溶液	
时间/min	溶解氧浓度/(mg/L)	时间/min	溶解氧浓度/(mg/L)	时间/min	溶解氧浓度/(mg/L)	时间/min	溶解氧浓度/(mg/L)
0		0		0		0	
20		20		20		20	
40		40		40		40	
60		60		60		60	
80		80		80		80	
100		100		100		100	

② 计算不同反应器中的耗氧速率并填写到表1-41中。时间t为横坐标，耗氧速率为纵坐标，将各反应器的耗氧速率数据在同一坐标上建立耗氧速率曲线。

表1-41　耗氧速率数据

自来水溶液		营养液		苯酚溶液		亚甲基蓝溶液	
时间/min	耗氧速率/[mg/(L·min)]	时间/min	耗氧速率/[mg/(L·min)]	时间/min	耗氧速率/[mg/(L·min)]	时间/min	耗氧速率/[mg/(L·min)]
0		0		0		0	
20		20		20		20	
40		40		40		40	
60		60		60		60	
80		80		80		80	
100		100		100		100	

③ 通过分析活性污泥微生物呼吸曲线与耗氧速率曲线，说明不同种类废水的可生化程度，并说明理由。

三、知识与能力训练

① 什么叫工业废水的可生化性？如何用BOD_5/COD_{Cr}来判断废水的可生化性？

② BOD_5/COD_{Cr}高的有机物在进行生物处理时是否有浓度的限制？

③ 在可生化性评定方法中，哪种方法对工程设计更有实用价值？

④ 什么叫内源呼吸？什么叫生物耗氧？

⑤ 有毒有害物质对微生物的抑制或毒害作用与哪些因素有关？

第十一节　活性污泥表面曝气法处理生活污水实验

视频导学

活性污泥表面曝气法处理生活污水实验视频导学

一、学习任务

本节学习任务见表1-42。

表1-42　学习任务

实验内容		活性污泥表面曝气法处理生活污水实验			学时		4
任务描述		1. 掌握活性污泥处理废水常用的处理设施（曝气池）的类型； 2. 掌握合建式圆形和矩形两种表面曝气池的构造和原理； 3. 掌握活性污泥表面曝气实验装置的操作； 4. 掌握实验数据的分析、整理、计算； 5. 熟悉根据数据处理绘制图表，并能进行分析和总结； 6. 学会实验装置的调试和维护步骤； 7. 具有团队协作、科学探索精神					
实施安排	实施环节	预习（导学）			实验		
	课时	0.5学时			3.5学时		
	完成形式	MOOC或教程	书面	线下	线上	线下	线下线上结合
要求		1. 通过MOOC学习、查找资料、网络搜索、观看视频和录像，完成预习报告，格式见表1-1； 2. 独立或合作完成整个实验流程，并能获得相应的实验数据，独立完成实验报告，格式见表1-2； 3. 实验结束后进行自评、小组互评和教师评价，格式见表1-3； 4. 具有一定的自学能力、协调能力和语言表达能力； 5. 具有团队合作精神，以小组的形式完成学习任务； 6. 遵守实验室纪律，不得迟到、早退； 7. 积极参与小组讨论，严禁抄袭					

二、实验内容

（一）实验目的

① 通过本实验了解活性污泥处理废水常用的处理设施（曝气池）的类型。

② 熟悉合建式圆形和矩形两种表面曝气池的构造和原理。

③ 熟悉活性污泥表面曝气法处理废水的功能和处理效果。

（二）实验原理

曝气是指空气与水强烈接触，使空气中的氧溶解于水中，或者将水中不需要的气体和挥发性物质释放到空气中，同时完成气体和液体的混合和搅拌。空气中的氧通过曝气传递到水中，氧由气相向液相进行传质转移，这种传质扩散的理论应用较多的是双膜理论。曝气方法主要有鼓风曝气和机械曝气。鼓风曝气又称压缩空气曝气，主要由曝气风机及专用曝气器组成。机械曝气一般是利用装在曝气池内的机械叶轮转动，剧烈搅动池内废水，使空气中的氧溶入水中。叶轮装在池内废水表面进行曝气，通过叶轮的提水作用，促使池内废水不断循环流动，不断更新气液接触面以增大吸氧量，称为表面曝气。叶轮旋转时在周缘形成水跃，可有效地裹入空气，叶片后侧产生负压，可吸入空气，所以充气效果较好。叶轮浸水深度和转速可以调节，以保证最佳效果。典型的机械曝气池有圆形表面加速曝气池、矩形加速曝气池等。

本实验采用活性污泥在小型模型圆形表面曝气池和矩形表面曝气池中，在充氧和一定温度的条件下，对废水进行处理。经一定时间的处理之后，利用污泥与水密度的不同以及处理装置的作用，将污泥与处理好的废水分离，最终达到处理废水的目的。

（三）实验设备与材料

1. 实验设备

（1）合建式表面曝气反应器（见图1-9） 包括进水箱、出水箱、进水泵、流量计、合建式表面曝气池（曝气池体积为120L）、叶轮曝气（300r/min，可变速）。

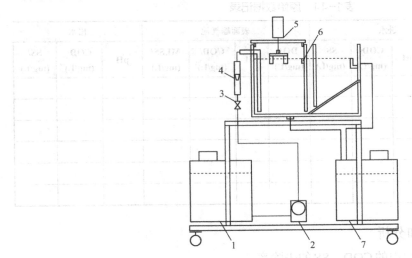

图1-9 活性污泥表面曝气池实验装置

1—进水箱；2—进水泵；3—进水阀；4—流量计；5—表面曝气装置；6—移动截流板；7—出水箱

（2）实验仪器与实验材料 溶解氧仪、测定COD仪器和试剂、其他常用玻璃仪器。

2. 其他实验材料

（1）实验废水 校园学生宿舍区生活污水或自配模拟生活废水（见表1-43）。

表1-43 好氧生物处理的模拟废水水质

试剂名称	添加量/mg	试剂名称	添加量/mg	试剂名称	添加量/mg
葡萄糖	600	碳酸铵	12	氯化钙	1.2
蛋白胨	20	碳酸氢钠	198	尿素	12
牛肉膏	24	磷酸二氢钾	12	硫酸镁	2.4

（2）活性污泥　前期培养驯化好污泥，曝气池已经运行正常。

（四）实验步骤

① 仔细观察各处理模型的内部、外部结构，了解作用原理和功能，描述水的流向、污泥回流的方向。

② 培养和驯化活性污泥。

③ 根据表面曝气池实验装置的有效体积，设定废水停留时间为6h，计算进水流量，同时调节流量计（也可不同小组按照不同的流量进行反应器运行实验，由指导教师进行制订）。开动实验装置各单元构筑物，并进行运转工作。工作10min后，开始取各单元构筑物出水口水样。（注：实验装置已连续工作多时，故实验开始后10min即可取水样。）

④ 取进水样与各模型出水水样，各测定COD、SS、DO、pH值。将结果填入表1-44，并计算出去除率。也可每隔1h取一次进出水样，测定COD值。也可调整流量，完成不同的水力停留时间来进行实验。

（五）原始数据记录和结果分析

原始数据记录于表1-44中。

表1-44　原始数据记录

序号	取样时间/进水流量	进水				表面曝气池				出水		
		DO/(mg/L)	pH	COD/(mg/L)	SS/(mg/L)	DO/(mg/L)	pH	COD/(mg/L)	MLSS/(mg/L)	pH	COD/(mg/L)	SS/(mg/L)
1												
2												
3												
4												
5												
6												

（六）实验结果整理和分析

① 分析反应器运行过程中的COD、SS的去除率。

② 绘制各曝气池的结构简图，标明工艺流程和废水流向图，并试解释各模型的处理效果。

③ 观察曝气池中污泥的混合状态和二沉池的运行情况、污泥的沉淀情况、回流是否顺畅，并做记录。

④ 计算反应器的水力停留时间、污泥浓度和污泥负荷。

三、知识与能力训练

① 活性污泥法常用的曝气设备有哪些？

② 表面曝气设备向混合液中供氧的途径有哪些？

③ 简述机械曝气和鼓风曝气充氧性能有何不同。

第二章　水污染控制工程综合提高性实验

学习指南

本章实验是基于目前水处理技术的发展现状及应用型本科院校的特点而设立的。水污染控制工程课程实验原理虽然简单，但具有很强的综合性、设计性，通过实验应充分理解每一种废水处理工艺的应用优势及领域。在实际工业生产中，没有任何一种工艺能处理各种废水，必须结合具体的水质、水量情况进行工艺的优化和筛选。通过综合性、设计性提高实验可培养实事求是的科学态度，在面对不同的废水类型及处理要求时能够具体问题具体分析，结合实际情况的水质特点及标准要求，科学合理地进行工艺组合。

一、学习目标

通过课程或MOOC学习，在熟悉废水处理的基本知识以及废水处理的基本原理和技术的基础上，给定实验目的、要求和实验条件，运用水污染控制工程课程的知识、技能和方法进行实验综合训练。或者给定题目，能够运用已掌握的基本知识、基本原理和实验技能，提出实验的具体方案，拟定实验步骤，选定仪器设备，独立完成实验操作、实验数据记录、图表绘制、实验结果分析等。

通过综合提高实验应具备如下能力：

① 对常用废水处理工艺具有认知能力；

② 熟悉废水处理常见工艺流程，具备搭建实验模型构筑物的能力；

③ 能在不同的好氧、厌氧生物处理反应器进行污泥驯化、培养的能力；

④ 运行调试不同废水处理反应器的能力；

⑤ 团队合作能力；

⑥ 分析和解决反应器运行过程中异常问题的能力。

二、实验要求

① 实验前必须认真阅读实验教材和导学材料，复习与实验有关的理论知识。

② 每个实验需要团队合作完成，建议每组3～4人。完成预习报告，每个小组自行根据实验要求写出设计方案，并完成实验内容。

③ 写出高质量的实验报告是综合性、设计性实验重要的环节。要求从实验方法的确定、

实验步骤的设计、实验设备的选择、实验数据的处理、实验结果的分析讨论等方面写出报告及总结体会。

④ 综合提高实验通常安排1周以上，需要每个小组成员合作完成，并做好原始数据记录。

三、完成内容

① 完成学习任务表上的内容，并完成相应的课前测。
② 完成预习内容，具体格式见表2-1。
③ 全程参与完成实验并撰写实验报告，具体格式见表2-2。
④ 实验结束后进行自评与小组互评，具体格式见表2-3。

四、成绩考核

1. 考核方式

从课堂纪律与团队协作、装置结构认知、实验操作、数据分析和实验报告等几个方面进行考核。实验过程中随时进行前三项的考核，后一项以实验报告形式进行考核。

2. 成绩评定方式

考核按100分制记录成绩。完成表2-3中教师评价及总评。

表2-1　预习计划

实验题目			学时	
实验目的				
实验原理	写出主要实验原理			
实验方式	小组成员合作，动手实践，独立完成实验报告			
实验内容和方法	写出主要的实验内容、实验步骤和实验方法			
预习计划说明	（可以说明不懂、有异议的内容等，或者标记重点内容）			
预习评价	姓名		学号	
	教师签字		日期	
	教师评语			

表2-2　实验报告

实验内容			学时	
实验方式	小组成员合作，动手实践，独立完成实验报告			
原始数据记录	可以附页			
数据整理	可以附页			
结论与讨论	可以附页			
评语	姓名		学号	
	教师签字		日期	
	教师评语			

表2-3　实验总评价

实验内容				学时	
评价类别	项目	占比	学生自评	小组互评	教师评价
专业能力（35%）	导学作业	5%			
	预习	10%			
	实验过程评价	20%			
方法能力（45%）	操作协调能力	20%			
	实验报告撰写和决策能力（实验结果）	25%			
素质能力（20%）	团队协作	10%			
	主动性	10%			
姓名		学号		总评	
教师评价	评语： 　　　　　　　　　　　　　签名：　　　　　　　　日期：				

第一节　生物接触氧化法处理有机废水实验

视频导学

一、学习任务

本实验学习任务见表2-4。

生物接触氧化法处理有机废水实验视频导学

表2-4　学习任务

实验内容		生物接触氧化法处理有机废水实验			学时	1～2周
任务描述		1. 掌握生物接触氧化法的反应机理； 2. 掌握生物接触氧化法的特点； 3. 掌握生物接触氧化法处理有机废水系统的启动，包括微生物的接种、培养、驯化； 4. 掌握实验数据的分析、整理、计算； 5. 熟悉根据数据处理绘制图表，并能进行分析和总结； 6. 学会实验装置的调试和维护步骤； 7. 具有团队协作、科学探索精神				
实施安排	实施环节	预习（导学）			实验	
	课时	0.5学时			2周	
	完成形式	MOOC或教程	书面	线下	线上　　线下	线下线上结合
	要求	1. 通过MOOC学习、查找资料、网络搜索、观看视频和录像，完成预习报告，格式见表2-1； 2. 独立或合作完成整个实验流程，并能获得相应的实验数据，独立完成实验报告，格式见表2-2； 3. 实验结束后进行自评、小组互评、教师评价，格式见表2-3； 4. 具有一定的自学能力、协调能力和语言表达能力； 5. 具有团队合作精神，以小组的形式完成学习任务； 6. 遵守实验室纪律，不得迟到、早退； 7. 积极参与小组讨论，严禁抄袭				

二、实验内容

（一）实验目的

① 掌握生物接触氧化实验的基本操作过程。

② 掌握生物膜的驯化、挂膜和调试的方法。

③ 通过本综合实验，可进一步巩固微生物法处理有机废水的原理、环境影响因素等，并掌握采用微生物法处理有机废水的启动、调试和运行过程。

（二）实验原理

生物接触氧化法是以附着在载体（俗称填料）上的生物膜为主，净化有机废水的一种高效水处理工艺。在可生化条件下，无论应用于工业废水、养殖废水还是生活污水的处理，都取得了良好的经济效益。该工艺因具有高效节能、占地面积小、耐冲击负荷、运行管理方便等特点而被广泛应用于各行各业的污水处理系统。

1. 生物接触氧化法的反应机理

生物接触氧化法是一种介于活性污泥法与生物滤池之间的生物膜法工艺，其特点是在池内设置填料，池底曝气对污水进行充氧，并使池体内污水处于流动状态，以保证污水与污水中的填料充分接触。

该法中微生物所需氧由鼓风曝气供给，生物膜生长至一定厚度后，填料壁的微生物会因缺氧而进行厌氧代谢，产生的气体及曝气形成的冲刷作用会造成生物膜的脱落，并促进新生物膜的生长，此时，脱落的生物膜将随出水流出池外。

2. 生物接触氧化法的特点

① 由于填料比表面积大，池内充氧条件良好，池内单位容积的生物固体量较高，因此，生物接触氧化池具有较高的容积负荷。

② 由于生物接触氧化池内生物固体量高，水流完全混合，故对水质水量的骤变有较强的适应能力。

③ 剩余污泥量少，不存在污泥膨胀问题，运行管理简便。

3. 生物接触池构造

生物接触池是生物接触氧化处理系统的核心处理构筑物，生物接触池一般为圆形或矩形，由池体、填料及其支架、曝气装置和进出水装置等组成。

目前主要使用的填料有硬、软两种类型。硬填料主要制成蜂窝状，简称蜂窝填料，所用材料有聚氯乙烯塑料、聚丙烯塑料、环氧玻璃钢和环氧纸蜂窝等。软填料是近年出现的新型填料，一般用尼龙、维纶、填料涤纶、腈纶等化学纤维编结成束，成绳状连接，因此又称为纤维填料。纤维填料质轻、高强度，物理和化学性能稳定；纤维束呈立体结构，比表面积大，生物膜附着能力强，污水与生物膜接触效率高；纤维束随水漂动，不易为生物膜堵塞。纤维填料近年来已广泛用于化纤、印染、绢纺等工业废水处理中，实践证明，该工艺特别适用于有机物浓度较高的污水处理。

4. 影响生物膜生长、繁殖及废水处理效果的环境因素

（1）营养物质　水中应保持 BOD_5：N：P=100：5：1。

（2）溶解氧　溶解氧控制在 2～4mg/L 较为适宜。

（3）温度　任何一种微生物都有一个最适生长温度范围，也有最低和最高生长温度范围。一般适宜温度为15～35℃，此范围内温度变化对反应器运行影响不大。

（4）酸碱度　pH一般为6.5～8.5，超过上述规定值时，应加酸碱调节。

5. 生物接触氧化法处理有机废水的启动

生物接触氧化法处理有机废水系统的启动包括微生物的接种、培养、驯化三个阶段。接种可以引入用于有机废水降解的微生物；通过培养，可以使专性好氧微生物的生长、繁殖占主体地位；通过对微生物的驯化，可以筛选适合该工艺废水处理及环境的微生物。因此，微生物处理系统的启动对于采用生物法处理有机废水有至关重要的作用。

（三）实验仪器、设备和材料

1. 实验设备和仪器

（1）实验装置　生物接触氧化实验装置见图2-1。

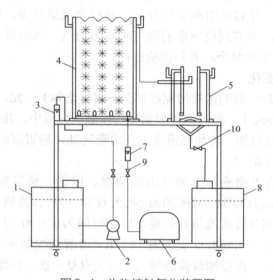

图2-1　生物接触氧化装置图

1—进水箱；2—进水泵；3—流量计；4—生物接触氧化池（带弹性填料）；5—竖流式二沉池；6—空气泵；
7—气体流量计；8—出水箱；9—进气阀门；10—阀门

主要组成如下：

① 生物接触氧化池：有机玻璃材质，装有弹性纤维填料；

② 提升泵：提升废水，流量为0.3m³/h，扬程为2m，功率为0.02kW；

③ 空气泵：气量为0～15L/min；

④ 废水进、出水箱：PVC材质；

⑤ 连接各构筑物间的工艺管道、管件、阀门。

（2）实验仪器和试剂

① COD测试仪器和试剂；

② BOD$_5$测试仪器和试剂；

③ 溶解氧仪；

④ pH计；

⑤ 温度计；

⑥ 其他常规玻璃仪器，如烧杯、量筒、玻璃棒等。

2. 其他实验材料

① 营养液：配制见表1-39。

② 废水：选用在豆制品厂取样的豆制品废水或可采用500mg/L的模拟苯酚废水代替。生物膜培养和驯化过程中营养液和有机废水配比方式见表2-5。

③ 污泥：来源于城市污水处理厂二沉池。

（四）实验步骤

1. 实验准备工作

（1）检查生物接触氧化反应装置 关闭以下阀门：生物接触氧化池的排空阀门、竖流式二沉池的排空阀门、进水箱和出水箱的排空阀门、空气泵的出气阀门、进水流量计调节阀。

（2）调试曝气装置 开启总电源空气开关，开启空气泵开关，空气泵开始工作。慢慢开启空气泵的出气阀门，调节到反应器的曝气头均匀出气，气泡量不太大为宜（气泡量太大不易挂膜）。曝气过程贯穿整个培养和实验过程。

2. 生物膜的培养与驯化

① 将从城市污水处理厂取的浓缩污泥在室温下曝气培养 $1 \sim 2d$，控制 SV_{30} 为30%左右，污泥浓度为 $4000 \sim 6000mg/L$。将污泥投加到生物接触氧化池中，接种污泥体积按照接触氧化池有效容积的10%进行投加。再加满清水，开始曝气2h，静置沉淀22h后，使固着态微生物接种到填料上，进行培养。

② 配制正常浓度的生物膜培养液（由葡萄糖、尿素、磷等组成，使 $BOD_5 : N : P = 100 : 5 : 1$，起始营养液的COD控制在300mg/L为宜）。将营养液倒入进水箱，开启磁力泵控制开关，开始进水。调节进水流量计，确定停留时间为 $6 \sim 8h$ 的进水流量，然后开始曝气培养（溶解氧控制在 $2 \sim 4mg/L$）。连续曝气22h（溶解氧控制在 $2 \sim 4mg/L$），静置沉淀2h后，排出反应器中的水。再投加营养液曝气。每天重复一次，持续 $7 \sim 10d$，可看到填料表面已经生长了薄薄一层黄褐色生物膜。表面生物膜具有一定生化功能，即已生长大量微生物，可进行下一步微生物驯化。每日可适当排出一些沉在底部的污泥。继续培养生物膜，直至生物膜挂膜完毕。每日完成水质指标的测定，并做好记录。

③ 驯化过程中按照比例往培养液中添加待处理的有机废水，按照10%的比例逐日增加废水量，生物膜完全形成后（大概有2mm厚度），可按照100%废水量进水（具体配比见表2-5），直至生物膜能完全适应全浓度的废水为止（有机废水的浓度不能太高，不能含有较多的毒性物质），驯化阶段完毕。每日测定进、出水的COD浓度，分别在第1、5、10d测定 BOD_5 浓度，镜检观察生物膜的生物相，做好记录。

3. 生物接触氧化法的正常运行和管理

① 将实验水（100%体积比的有机废水）倒入进水箱，控制进水COD浓度500mg/L左右。

② 确定实验所需的反应器停留时间 $6 \sim 8h$，并计算进水流量。也可设置不同的水力停留时间来设计实验。

③ 开启进水泵，调节进水流量计至所需的流量，让反应器运行一定时间，然后在反应器的溢流槽和二次沉淀池的出水口分别取水样，与原水一起进行相关项目的检测，最终取

得实验结果。反应器运行7d时间左右，也可根据具体实验操作调整时间。测定每日进、出水COD浓度，生物反应器的温度、DO、pH值等并做好记录。

4. 实验完毕的整理

① 如果在结束本实验后还要使用该反应器，则可用生物膜培养液来维持反应器的活性状态。如果在结束本实验后较长时间内不再使用该反应器，则将空气泵的出气阀门开到最大，用气泡将生物膜冲刷下来，然后开启反应器的排空阀门，将水和污泥一起排入出水箱。

② 关闭进水泵和空气泵的开关，关闭总电源空气开关，拔下总电源插头。

③ 打开竖流式二沉池的排空阀门，打开进水箱和出水箱的排空阀门，放出所有的积水。

④ 用自来水冲洗反应器、填料、沉淀池和水箱，并放出所有的积水，待下次实验使用。

（五）数据记录

1. 微生物驯化期间

① 记录微生物驯化期间进出水的水质指标于表2-5。

表2-5　微生物驯化过程中进水、出水情况

时间/d	进水配比 ($V_{营养液}$：$V_{有机废水}$)	进水			出水		
		COD/(mg/L)	BOD$_5$/(mg/L)	pH	COD/(mg/L)	BOD$_5$/(mg/L)	pH
1	9：1						
2	8：2		—			—	
3	7：3					—	
4	6：4						
5	5：5						
6	4：6						
7	3：7						
8	2：8						
9	1：9						
10	0：10						

② 记录每日镜检观察生物膜的生物相，并做描述。

2. 反应器运行期间的水质测定

① 每天测定生物接触氧化池DO、温度、pH 2～3次。至少记录1周。

② 每天测定进水、出水COD浓度和pH。另外，在第1、7天，测进水、出水的BOD$_5$浓度。将上述实验结果填写到表2-6。

表2-6　生物接触氧化工艺运行期间数据记录

运行时间/d	进水			生物接触反应池			出水		
	pH	COD/(mg/L)	BOD$_5$/(mg/L)	DO/(mg/L)	pH	温度/℃	pH	COD/(mg/L)	BOD$_5$/(mg/L)
1									
2			—						—
3			—						

运行时间/d	进水			生物接触反应池			出水		
	pH	COD/ (mg/L)	BOD₅/ (mg/L)	DO/ (mg/L)	pH	温度/℃	pH	COD/ (mg/L)	BOD₅/ (mg/L)
4			—						—
5			—						—
6			—						—
7									

（六）实验结果与讨论

1. 驯化期间

① 根据表 2-5 判断进水配比对 BOD₅/COD 的影响。

② 计算微生物驯化过程中 COD 的去除率，并绘制随时间变化的曲线。

③ 根据进水方式的变化来计算反应器容积负荷的变化，并绘制容积负荷的变化曲线。

④ 说明镜检生物膜的生物相观察情况。

2. 反应器运行期间

① 根据表 2-6，绘制曲线说明反应器运行期间生物接触氧化法对废水的处理效果，并分析和讨论。

② 根据表 2-6，绘制曲线说明运行期间进出水的（pH、COD）的变化情况，并分析和讨论。

③ 仔细观察竖流式二沉池的工况，如发现沉淀池水面的色度大、悬浮物含量多、浊度大等情况，应立即采取措施调整。

三、知识与能力训练

① 生物膜是如何形成的？

② 简述生物膜法净化污水的原理与特点。

③ 生物接触氧化法具有哪些特点？

第二节　SBR法处理生活污水实验

视频导学

一、学习任务

本实验学习任务见表2-7。

SBR法处理生活污水实验视频导学

表2-7　学习任务

实验内容	SBR法处理生活污水实验	学时	1-2周
任务描述	1. 掌握SBR基本概念； 2. 掌握SBR工艺的特点； 3. 掌握SBR工艺的操作模式；		

任务描述		4. 掌握实验数据的分析、整理、计算； 5. 熟悉根据数据处理绘制图表，并能进行分析和总结； 6. 学会实验装置的调试和维护步骤； 7. 具有团队协作、科学探索精神				
实施安排	实施环节	预习（导学）			实验	
	课时	0.5课时			2周	
	完成形式	MOOC或教程	书面	线下	线上	线下	线下线上结合
要求		1. 通过MOOC学习、查找资料、网络搜索、观看视频和录像，完成预习报告，格式见表2-1； 2. 独立或合作完成整个实验流程，并能获得相应的实验数据，独立完成实验报告，格式见表2-2； 3. 实验结束后进行自评、小组互评、教师评价，格式见表2-3； 4. 具有一定的自学能力、协调能力和语言表达能力； 5. 具有团队合作精神，以小组的形式完成学习任务； 6. 遵守实验室纪律，不得迟到、早退； 7. 积极参与小组讨论，严禁抄袭				

二、实验内容

（一）实验目的

① 了解和掌握SBR工艺处理污水的基本原理以及活性污泥法和生物法处理污水的概念和理论知识。

② 了解SBR系统的特点、主要组成部分和构造。

③ 掌握SBR工艺各工序的运行操作特点，了解SBR反应器的运行操作方法。

④ 了解活性污泥法运行参数（进水负荷、曝气时间）与处理效率的关系。

（二）实验原理

1. SBR工艺原理

间歇式活性污泥法（sequencing batch reactor，SBR），是目前污水处理工程中应用广泛的一种实用技术，随着计算机及自动化技术的发展，SBR技术有了更为广阔的应用前景。

SBR工艺作为活性污泥法的一种，其去除有机物的机理与传统的活性污泥法相同，有机物的去除主要由微生物生长初期的去除与吸附作用、微生物的代谢作用、絮凝体的形成与絮凝沉淀性能几个净化过程完成。所谓间歇式，是指与传统活性污泥法的运行方式不同，其运行操作在空间上按序排列，同时每个SBR系统的运行操作在时间上也是按序进行，并且也是间歇的。

典型的SBR系统包含一座或几座反应池及初沉池等预处理设施和污泥处理设施，反应池兼有调节池和沉淀池的功能。当反应池充水开始曝气后，就进入了反应阶段；待有机物含量达到排放标准或不再降解时，停止曝气。混合液在反应器中处于完全静止状态，从而进行固液分离，一段时间后排放上清液，活性污泥留在反应池内，多余的污泥可通过放空管排出。至此，就完成了一个运行周期，反应器又处于准备下一个运行周期的待机状态。

从进水到待进水的整个过程称为一个运行周期，在一个运行周期内，有机物浓度、污泥浓度、有机物的去除率和污泥的增长速率等都随时间不断变化。一般一个运行周期包括进水、反应（曝气）、沉降、排水和闲置五个连续的阶段，整个过程在一个池内完成。各运行周期在时间上按顺序排列，由可编程控制器（PLC）控制完成。

2. SBR工艺特点

① 生化反应推动力大、效率高。在运行中，理想的推流过程使生化反应推动力增大，效率提高，池内厌氧、好氧处于交替状态，净化效果好。

② 运行效果稳定。污水在理想的静止状态下沉淀，所需时间短、效率高，出水水质好，耐冲击负荷，池内有滞留的处理水，对污水有稀释、缓冲作用，可有效抵抗水量和有机物的冲击。

③ 各工序可根据水质、水量进行调整，运行灵活。

④ 处理设备少，构造简单，便于操作和维护管理。

⑤ 污泥不易膨胀。从供氧状态来看，在进水与反应阶段，缺氧（或厌氧）与好氧状态交替出现，能抑制专性好氧菌的过量繁殖。

⑥ SBR法系统本身也适合组合式构造方法，利于污水处理厂的扩建和改造。

⑦ 脱氮除磷效果显著。适当控制运行方式，可实现好氧、缺氧、厌氧状态交替，具有良好的脱氮除磷效果。

⑧ 工艺流程简单，投资费用低。SBR法的主体设备只有一个间歇反应器，它与普通活性污泥法相比，不需要设二次沉淀池，无须回流污泥及设备，一般情况下不必设调节池，多数情况下可以省去初次沉淀池。

3. SBR工艺的适用范围

① 适用于处理中小城镇生活污水及工业废水，尤其是间歇排放和流量变化较大的地方。

② 适用于土地资源紧张的地方。

③ 适用于水资源紧张的地方。SBR系统可在生物处理后进行物化处理，无须增加额外设施，便于水的回收利用。

④ 适用于出水水质要求较高的地方。不但要求去除有机物，还要求去除水中的氮和磷，如旅游区、湖泊和港湾等。

⑤ 对已建连续流污水处理厂的改造。

⑥ 适用水量小、间歇排放的工业废水及分散点源污染的治理。

（三）实验仪器、设备和材料

1. 实验设备与仪器

（1）SBR实验设备　SBR实验设备见图2-2。

主要组成如下：

① SBR反应器：有机玻璃制；

② 可编程控制器（点击可进行时间控制编程）；

③ 屏式控制面板；

④ 水位控制器；

⑤ 空气压缩泵；

⑥ 滗水器（可上下浮动，其位置高于水的高度液位计的1/2处）；

⑦ 进、出水箱；

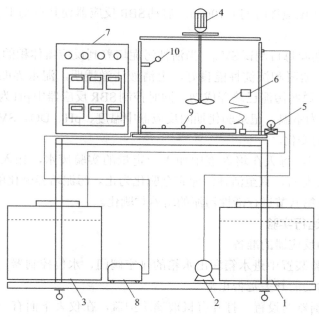

图2-2　SBR工艺设备图

1—进水箱；2—磁力泵；3—出水箱；4—搅拌机；5—电磁阀；6—滗水器；7—可编程控制器；
8—空气压缩泵；9—曝气管；10—液位计

⑧ 各种阀门等。

（2）实验仪器及试剂

① COD_{Cr} 测定实验装置及试剂；

② BOD_5 测试实验装置及试剂；

③ 便携式溶解氧测定仪；

④ pH 计；

⑤ 其他常规玻璃仪器。

2. 其他实验材料

① 降解有机废水的微生物：来自城市污水处理厂二沉池的污泥；

② 微生物驯化培养阶段的营养物质：葡萄糖、尿素、$Ca(H_2PO_4)_2$ 等按照 BOD_5 : N : P=100 : 5 : 1 来配制，可参考表1-39；

③ 模拟废水或生活污水：取自校园生活区。

（四）实验步骤

1. 活性污泥的培养和驯化

① 选用城市污水处理厂二沉池的浓缩污泥或已有活性污泥反应器中的污泥作为菌种，提前空曝22h，沉淀2h，去除上清液，取反应器体积10%左右的活性污泥投加到SBR反应器中。在SBR反应器内，以生活污水或配制营养液（BOD_5 : N : P=100 : 5 : 1）来培养活性污泥，起始浓度COD应低于100mg/L，若污水浓度较高可以进行稀释。将营养液或生活污水倒入进水箱，保证每日进水的水量。

② 反应时间设置：SBR反应器曝气时间23h 20min，静止沉淀时间30min，滗水时间

30s，闲置期时间（活化搅拌时间）10min。启动SBR反应器使其自动工作。（此部分也可在普通曝气池中完成。）

③ 在培养驯化期间每日测试SV_{30}，当活性污泥培养到反应器体积的30%～50%时，并发现污泥呈黄褐色，絮凝和沉淀性能良好，上清液清澈透明，泥水界面清晰，镜检菌胶团密实，生物相丰富，说明污泥已培养成功。同时控制SBR反应器中pH为6.5～7.5，溶解氧为2～4mg/L，温度为室温。记录驯化期间反应器中温度、pH、DO、SV_{30}、MLSS（可三天测一次）以及COD的变化。

④ 污泥驯化期间，每天在培养液中加入一定量的实验废水，加入量不断增加，增加COD浓度到500mg/L左右，直至活性污泥完全驯化为止。污泥培养驯化的时间为1～2周。

也可参照第一章第八节进行活性污泥的培养与驯化。

2. SBR反应器运行实验

（1）实验设计和反应器的准备

① 检查SBR实验装置中进水箱和出水箱的排空阀门、水位控制器，空气泵的出气流量计，滗水器等相应的功能开关是否正常。

② 熟悉时间控制器的设置。打开有机玻璃防护盖，在仪表下面有一排小窗口，每个窗口上下各有"＋""－"，用于调节相应的时间数值，调节到所需的数值后按动相应开关即可按照设定程序工作。

③ 设计运行周期，即充水时间、反应时间、沉淀时间、排水排泥时间和闲置时间。采用五个单元的数显仪表来自动控制SBR反应器的五个工作步骤及循环过程（具体操作见附录2）。根据实验要求设计运行周期，并做好记录。可设计不同反应时间探讨对处理效果的影响，即进水方式设为不曝气、半曝气或全曝气；也可设计不同影响因素探讨对SBR工艺处理效果的影响。不同小组可按照不同的模式进行生物脱氮的实验研究。本节内容以曝气时间对COD去除率的影响为例。

（2）具体操作步骤

① 将实验废水或人工配制实验水倒入进水箱，测定实验用水的原始水质指标［COD、氨氮、总氮（TN）、总磷（TP）、pH值等］并记录。

② 将电源控制箱插上电源，开启总电源空气开关，打开各个功能开关。打开空气泵出气阀。按"启动/复位"钮，SBR反应器进入自动工作状态。

③ 设置好不同阶段（进水、反应、沉淀、排水排泥和闲置）的控制时间并记录。建议设置运行时间为进水1h、曝气7h、沉淀2h、排水1h、闲置13h，一天运行1个周期，每个周期按照设定程序自动进行，运行1～2周。

④ 取进水、出水箱水样，测试COD、TN、氨氮、TP、pH值并记录。同时取曝气阶段内活性污泥进行生物相的观察。

⑤ 研究不同曝气时间对COD去除率的影响。在同一个周期内，每隔30min在SBR反应器里取混合液100mL，将样品沉淀2h，取上清液测定COD浓度并记录。为了具有可比性，恒定曝气量，曝气时间为7h，MLSS为3000～4000mg/L。

（五）原始数据记录

① 记录驯化期间SBR反应器中的水质特征于表2-8。

表2-8　驯化期间SBR反应器中的水质特征

日期/d	1	2	3	4	5	6	7
SV_{30}/%							
MLSS/(mg/L)							
SVI/(mL/g)							
pH							
DO/(mg/L)							
温度/℃							
COD/(mg/L)							

② 记录SBR工艺不同阶段的运行时间于表2-9。

表2-9　SBR运行周期记录

周期	进水时间/h	曝气反应时间/h	静沉时间/h	排水排泥时间/h	闲置时间/h
1					
2					

③ 记录进出水的水质指标于表2-10，并计算去除率。

表2-10　水质指标记录

项目	pH	水温/℃	DO/(mg/L)	BOD_5/(mg/L)	COD/(mg/L)	TN/(mg/L)	TP/(mg/L)	NH_4^+-N/(mg/L)
进水								
出水								
去除率/%	—	—						

④ 记录不同曝气时间对COD的影响于表2-11。

表2-11　不同曝气时间的COD浓度

曝气时间/h	0.5	1	2	3	4	5	6	7
COD浓度/（mg/L）								

⑤ 记录对污泥培养驯化期间生物相的描述（包括污泥的颜色、生物相是否丰富、菌胶团是否致密、边界是否明显以及典型的微生物）。

（六）结果与讨论

① 根据表2-8，说明SBR工艺中污泥特性的变化以及COD去除率的变化。
② 分析在不同曝气时间SBR工艺对废水中COD等指标的影响。
③ 设计SBR工艺对生活污水进行脱氮除磷的实验方案。
④ 不同小组按照不同的运行周期进行设置，小组之间比较处理效果。

三、知识与能力训练

① SBR法与传统活性污泥法相比有哪些优点？
② 简述SBR法工艺上的特点及滗水器的作用。
③ 如果对脱氮除磷有要求，应怎样调整各阶段的控制时间？

第三节 O₃/UV技术处理有机废水实验

一、学习任务

本节学习任务见表2-12。

表2-12 学习任务

实验内容	O₃/UV技术处理有机废水实验	学时	1周
任务描述	1. 掌握高级氧化法的概念； 2. 掌握高级氧化法的机理、特点和应用； 3. 掌握O₃/UV技术处理有机废水的应用和特点； 4. 掌握实验数据的分析、整理、计算； 5. 熟悉根据数据处理绘制图表，并能进行分析和总结； 6. 学会实验装置的调试和维护步骤； 7. 具有团队协作、科学探索精神		

实施安排	实施环节	预习（导学）		实验		
	课时	0.5学时		4.5学时		
	完成形式	MOOC或教程	书面	线下	线上	线下	线下线上结合

要求	1. 通过MOOC学习、查找资料、网络搜索、观看视频和录像，完成预习报告，格式见表2-1； 2. 独立或合作完成整个实验流程，并能获得相应的实验数据，独立完成实验报告，格式见表2-2； 3. 实验结束后进行自评、小组互评、教师评价，格式见表2-3； 4. 具有一定的自学能力、协调能力和语言表达能力； 5. 具有团队合作精神，以小组的形式完成学习任务； 6. 遵守实验室纪律，不得迟到、早退； 7. 积极参与小组讨论，严禁抄袭

二、实验内容

（一）实验目的

① 通过本实验了解O₃/UV技术处理废水的基本原理。

② 掌握O₃/UV技术的实验方法。

③ 熟悉高级氧化法处理有机废水的影响因素。

（二）实验原理

臭氧（O₃）氧化在水处理实际应用中取得了明显的成效。但O₃氧化反应具有一定的选择性，氧化产物常常为小分子羧酸、酮和醛类物质，难以将有机物彻底降解为CO₂、H₂O或其他无机物，因此对TOC和COD的去除率不是很高。

为了强化O₃处理效果，开发出O₃/UV、O₃/H₂O₂/UV、O₃/固体催化剂（如活性炭、金属及其氧化物）等高级氧化技术，其共同特征是产生高活性羟基自由基（·OH），从而达到彻底降解有机污染物的目的。紫外线（UV）是一种高能量电磁波，它可以消灭细菌和病毒。O₃则是一种强氧化剂，它可以氧化有机物，使其分解为无害的物质。当紫外线和O₃结合在一起时可以产生协同作用，使水中的污染物得到更加彻底的去除。

影响O_3氧化的因素有污染物成分、污染物含量、O_3投加量、废水pH、水气接触时间、紫外波长、照射强度、气体分布状况、水温等。O_3/UV技术是把O_3氧化与UV辐射相结合的一种高级氧化技术。此方法利用O_3在UV的照射下分解产生活泼的次生氧化剂来氧化有机物。

O_3/UV氧化工艺作为一种高级氧化水处理技术，不仅能对有毒的、难降解的有机物、细菌、病毒进行有效的氧化和降解，同时具有占地面积小、处理时间短、无二次污染，对废水尤其是对印染废水的色度去除率高的优点。一个基本的O_3/UV系统是用254nm的UV去照射溶有O_3的废水，它的降解效率比单独使用UV和O_3都要高。本实验采用O_3/UV技术处理亚甲基蓝，同时对工艺参数进行了优化。

（三）实验装置和材料

1. 实验装置和仪器

（1）O_3/UV催化实验装置（见图2-3）

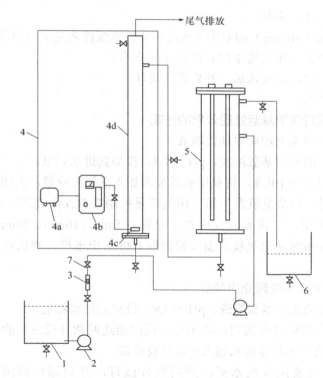

图2-3　O_3/UV技术实验装置图

1—进水箱；2—磁力泵；3—流量计；4—臭氧发生器（4a—空气泵；4b—臭氧机；4c—砂芯头；4d—臭氧反应器）；5—光催化反应器；6—出水箱；7—阀门

① 臭氧发生器：定制，型号HZJ-3gO_3，臭氧产生量为3g/h，进气量0 ~ 10L/min。

② 臭氧反应器：体积为5L的砂芯曝气有机玻璃鼓泡反应器。

③ 光催化反应器：内嵌紫外灯并用石英玻璃管作为紫外灯保护套管。紫外灯功率80W，波长185nm。

④ 其他附属设备：空气泵，磁力泵，进、出水箱，流量计，各种阀门。

（2）实验仪器 pH计、分光光度计。

2. 实验试剂与材料

亚甲基蓝模拟废水（100mg/L），pH为7.8。用去离子水配制不同质量浓度的亚甲基蓝溶液，将其放入进水箱，估计进水箱的大小以配制相应体积的水。

（四）实验步骤

1. 亚甲基蓝标准曲线的制作

见第一章第三节。

2. 亚甲基蓝去除率的计算

见第一章第三节。

3. 关闭阀门

仔细观察O_3/UV装置的内外结构、部件及废水处理的流程，关闭相应的阀门。

4. 启动实验装置

① 将尾气排放管通向室外。

② 将待处理废水（100mg/L的亚甲基蓝溶液）经水泵注入臭氧反应器。

③ 开启臭氧发生器，出气流量控制在5L/min左右。

④ 待光催化反应器注满废水后，开启紫外线灯。

⑤ 开启循环回流泵。

5. 不同反应时间对亚甲基蓝处理效果的影响

（1）单独使用O_3技术处理亚甲基蓝溶液

① 配制100mg/L的亚甲基蓝溶液，pH为7.8，投加到进水箱里。

② 控制进水流量计为10L/h，将亚甲基蓝废水加入臭氧反应器，关闭臭氧反应器连通紫外反应器的进水阀门。调节臭氧发生器，出气流量控制在5L/min左右，使其产生稳定的O_3量，调节废水进水流量，注满臭氧反应器，分别在5min、10min、20min、30min、45min、60min、90min、120min时从臭氧反应器取样阀取100mL出水样，测试亚甲基蓝溶液的浓度并记录。

（2）单独使用UV技术处理亚甲基蓝

① 配制100mg/L的亚甲基蓝溶液，pH为7.8，投加到进水箱里。

② 关闭臭氧反应器的进水阀门，关闭臭氧反应器连通紫外反应器的进水阀门。控制进水流量计在10L/h，将亚甲基蓝废水加入光催化反应器。

③ 待光催化反应器注满废水后，开启紫外线灯，开启循环回流泵。分别在5min、10min、20min、30min、45min、60min、90min、120min时从光催化反应器取样阀处取样，测定亚甲基蓝的浓度并记录。

（3）O_3/UV技术处理亚甲基蓝溶液

① 配制100mg/L的亚甲基蓝溶液，pH为7.8，投加到进水箱里。

② 控制进水流量计在10L/h，将亚甲基蓝废水加入臭氧反应器，调节臭氧发生器，出气流量控制在5L/min左右，使其产生稳定的O_3量。待光催化反应器注满废水后，开启紫外线灯，开启循环回流泵。

③ 分别在反应5min、10min、20min、30min、45min、60min、90min、120min时从出水箱取100mL出水样，测试亚甲基蓝溶液的浓度并记录。

6. 不同进水浓度对亚甲基蓝处理效果的影响

① 配制浓度分别为100mg/L、200mg/L、300mg/L、400mg/L、500mg/L的亚甲基蓝溶液（pH为7.8），投加到进水箱进行实验。

② 控制进水流量计在10L/h，分别将不同起始浓度的亚甲基蓝废水加入臭氧反应器。

③ 调节臭氧发生器，出气流量控制在5L/min左右，使其产生稳定的O_3量。

④ 待光催化反应器注满废水后，开启紫外线灯。

⑤ 调节废水循环流量，反应60min时从出水箱取样，测定亚甲基蓝的浓度并记录。

7. 不同pH对亚甲基蓝处理效果的影响

① 调节亚甲基蓝溶液的pH分别为4、6、8、10，进行实验。

② 控制进水流量计在10L/h，分别将不同pH值的亚甲基蓝废水加入臭氧反应器，废水浓度为100mg/L。

③ 调节臭氧发生器，出气流量控制在5L/min左右，使其产生稳定的O_3量。

④ 待光催化反应器注满废水后，开启紫外线灯。

⑤ 调节废水循环流量，反应60min时从出水箱取样，测定亚甲基蓝的浓度并记录。

（五）实验原始数据记录和整理

1. 不同反应时间对亚甲基蓝处理效果影响的实验结果整理

① 将不同反应时间对亚甲基蓝溶液去除效果的实验结果填写到表2-13。

② 计算亚甲基蓝溶液去除率，绘制不同反应时间对亚甲基蓝溶液的处理效果曲线，并进行分析。

③ 比较单独使用O_3技术、UV技术和臭氧紫外联合（O_3/UV）技术对亚甲基蓝溶液的处理效果，并绘制曲线进行说明。

表2-13 不同反应时间对亚甲基蓝处理效果的影响

反应时间/min		5	10	20	30	45	60	90	120
亚甲基蓝溶液浓度/(mg/L)	O_3处理								
	UV处理								
	O_3/UV处理								
去除率/%									

2. 不同进水浓度对亚甲基蓝处理效果影响的实验结果整理

① 将不同进水浓度对亚甲基蓝溶液去除效果的实验结果填写到表2-14。

② 计算亚甲基蓝溶液去除率，绘制不同进水浓度对亚甲基蓝溶液的处理效果曲线，并进行讨论分析。

表2-14 不同进水浓度对亚甲基蓝溶液处理效果的影响

初始浓度/(mg/L)	100	200	300	400	500
反应后浓度/(mg/L)					
去除率/%					

3. 不同pH对亚甲基蓝处理效果影响的实验结果整理

① 将不同pH对亚甲基蓝溶液去除效果的实验结果填写到表2-15。

② 计算亚甲基蓝溶液去除率，绘制不同进水浓度对亚甲基蓝溶液的处理效果曲线，并进行讨论分析。

表2-15 不同pH对亚甲基蓝溶液处理效果的影响

pH	4	6	8	10
反应后浓度/(mg/L)				
去除率/%				

三、知识与能力训练

① 总结本实验的结论，并说明O$_3$/UV技术对亚甲基蓝的处理效果。

② 说明O$_3$/UV技术处理亚甲基蓝的优缺点。

第四节　UASB法处理高浓度有机废水实验

视频导学

一、学习任务

本节学习任务见表2-16。

UASB法处理高浓度有机废水实验视频导学

表2-16 学习任务

实验内容	UASB法处理高浓度有机废水实验		学时	2～4周
任务描述	1. 掌握UASB工艺的原理和特点； 2. 掌握UASB反应器的结构和运行特征； 3. 掌握UASB法处理有机废水的影响因素； 4. 掌握实验数据的分析、整理、计算； 5. 熟悉根据数据处理绘制图表，并能进行分析和总结； 6. 学会实验装置的调试和维护步骤； 7. 具有团队协作、科学探索精神			
实施安排	实施环节	预习（导学）		实验
	课时	0.5学时		3～4周
	完成形式	MOOC或教程　书面　线下	线上　线下　线下线上结合	
要求	1. 通过MOOC学习、查找资料、网络搜索、观看视频和录像，完成预习报告，格式见表2-1； 2. 独立或合作完成整个实验流程，并能获得相应的实验数据，独立完成实验报告，格式见表2-2； 3. 实验结束后进行自评、小组互评、教师评价，格式见表2-3； 4. 具有一定的自学能力、协调能力和语言表达能力； 5. 具有团队合作精神，以小组的形式完成学习任务； 6. 遵守实验室纪律，不得迟到、早退； 7. 积极参与小组讨论，严禁抄袭			

二、实验内容

（一）实验目的

① 掌握UASB工艺的原理和特点。

② 掌握UASB反应器的结构和运行特征。

③ 掌握UASB法处理有机废水的影响因素。

（二）实验原理

1. 厌氧生物处理法的机理和特点

厌氧生物处理是利用厌氧微生物，在无须提供氧气的条件下，将有机物转化为大量的沼气和水以及少量的细胞物质，其中沼气的主要成分是约2/3的甲烷和1/3的二氧化碳。工程上也称厌氧生物处理为厌氧消化。与好氧生物处理法相比，厌氧生物处理法不但能源需求少，而且能产生大量的能源物质——沼气，其处理设备负荷高，占地少，产生的剩余污泥少且容易处理。厌氧消化的反应过程一般认为包括三个阶段，即水解酸化阶段、产氢产乙酸阶段、产甲烷阶段。在厌氧生物处理法中，参与反应过程的是兼性厌氧菌（底物分解菌）和专性厌氧菌（产甲烷菌）。兼性厌氧菌将污泥或污水中的蛋白质、糖类、脂肪等水解和发酵，大部分转化为脂肪酸，还有的转化为二氧化碳和氨以及各种醇和醛的化合物等。产甲烷菌将脂肪酸等转化为甲烷和二氧化碳。

产甲烷菌是专性厌氧菌，必须在无氧的条件下才能生长繁殖，氧的存在可抑制其生长甚至导致死亡。此外，这些甲烷菌属还具有以下特点。

（1）pH值的适应范围窄　　pH一般为6.8～7.8，最佳pH应保持为6.8～7.2。如果反应器的负荷率（即单位时间内投加给微生物的有机物量）过大，则有利于产酸菌的生长繁殖，反应过程中会有大量有机酸积累，导致pH降低，此时一般加碱控制pH值。

（2）温度适应性较弱　　不同的温度范围内生活着不同类型的微生物，这些微生物的生存都需要适宜的温度范围，可以分为低温（15～20℃）、中温（30～35℃）、高温（50～60℃）。

（3）营养物质和微量元素的影响　　适量的氮、磷有利于厌氧菌的繁殖。厌氧处理对氮和磷的需要量比好氧生物处理法低，一般采用BOD∶N∶P=200∶5∶1。在UASB反应器中投加一定量尿素、磷酸盐，有利于厌氧消化的进程。低浓度的Mg、Mn、Mo、Co离子对厌氧消化有促进作用。

2. 上流式厌氧污泥床（UASB）工艺

上流式厌氧污泥床是一种具有大量微生物群的高效有机污泥床。废水由反应器底部经布水系统进入污泥床，并与污泥床内的污泥混合。污泥中的微生物分解废水中的有机物，同时产生沼气。UASB反应器从总体上分为三个部分：消化区、过渡区和沉淀区。

由于颗粒污泥床的存在，反应器底部是进行厌氧反应的主要场所，称为消化区。从消化区底部进入反应器的污水与颗粒污泥床进行充分的混合接触，反应过程中产生沼气及其他气体。在消化区的上部，由于气体的搅动而形成一个污泥浓度较小的悬浮层，即所谓的过渡区。反应器上部设有气、液、固三相分离器，沼气穿过水层自顶部集气罩引出，气泡挟带上来的污泥在三相分离器底部沉淀，并在重力作用下沿三相分离器的外壁下滑回反应区，这一区域称为沉淀区。经泥水分离处理后的出水从沉淀区溢流堰上部排出。UASB工艺设备图见图2-4。

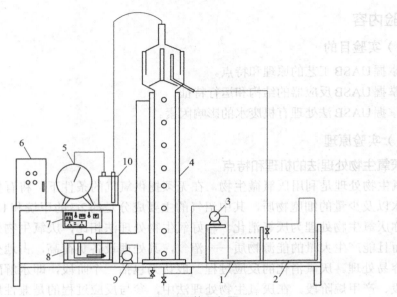

图2-4　UASB工艺设备图

1—进水箱；2—出水箱；3—磁力泵；4—厌氧反应室；5—湿式气体流量计；6—电气控制箱；

7—数显温控仪；8—恒温水箱；9—计量泵；10—封水器

（三）实验仪器和材料

（1）UASB实验设备

① 厌氧反应室：含三相分离器；

② 恒温设备：恒温水箱、数显温控仪、恒温水夹套、恒温水循环泵；

③ 进水箱；

④ 进水计量泵、各种阀门等。

（2）实验仪器和试剂

① COD测定仪器及试剂；

② 湿式气体流量计（容量2L，流量范围200L/h，压力1000Pa，精度±1%）；

③ pH计。

（3）其他实验材料

① 采用人工配制模拟废水。模拟废水配比见表2-17。

模拟废水水质：COD浓度为2000～2500mg/L，TN为40～50mg/L，NH_3-N为25～30mg/L，TP为3～5mg/L，pH为7～7.5。

表2-17　模拟废水配比

组成名称	加入量/(g/L)	组成名称	加入量/(g/L)	组成名称	加入量/(g/L)
淀粉	1.25	葡萄糖	0.75～1	NH_4Cl	0.1～0.15
K_2HPO_4	0.028～0.03	$NaHCO_3$	0.1	$MgSO_4$	0.002
$ZnSO_4$	0.005	$FeSO_4$	0.0005	$CaSO_4$	0.005

废水配制方法：用可溶性淀粉和葡萄糖调节COD的含量，用NH_4Cl、K_2HPO_4、$MgSO_4$等营养盐调节N、P含量，再用$NaHCO_3$调节pH值。向25L的配液桶里中注入自来水至2/3容量，投加一定量的工业用葡萄糖、NH_4Cl、K_2HPO_4、$NaHCO_3$、$MgSO_4$、$ZnSO_4$、$FeSO_4$、$CaSO_4$等固体搅拌溶解。在大烧杯或水桶里每次投加不超过200g淀粉，投加少量自来水进行搅拌，再用沸腾的水烫熟直到透明状。边搅拌边将透明状的淀粉溶液倒入配液桶，加水至刻度，持续搅拌至完全溶解。多次重复分批投加定量的淀粉后，完成废水的配制。

② 厌氧污泥种泥：来源于城市污水处理厂的厌氧消化污泥。

（四）实验步骤

1. 实验前准备工作

① 将人工模拟水样投加到进水箱。

② 完成反应器内厌氧污泥驯化。将反应器顶端三相分离器的气罩拿开，向反应器投入体积为总容积的10%～30%的厌氧污泥（该厌氧污泥为含固率为3%～5%的湿污泥）。采用2.4L/h的流量分批再加入人工模拟废水至三相分离器处设计液面，盖上气罩，调节恒温加热控制器，保持升温速度1℃/h，直至温度显示在30～35℃。在此期间调整pH至6.5～7.5，维持消化温度，稳定一段时间（2周）后，污泥即可成熟。厌氧污泥的培养和驯化采用间歇进水方式进行，每隔3～4h进水一次，每次5～10min，逐步缩短间隔时间至1h，每次进水时间增长20～30min。1周后可采用连续进水方式进行。也可提前将驯化完成后的厌氧污泥直接投入厌氧反应器进行实验。驯化期间每日记录反应器的进水流量和温度、产气量在表2-18，观察反应器是否有异常情况，若有异常应及时汇报给老师并排除。每天检测进水和UASB反应器出水水质，检测项目为COD、pH和TN、TP，并将实验结果记录在表2-19。

2. 运行实验

① 将人工模拟废水倒入进水箱中，接通电源，调节流量计旋钮，使水流量在3～6L/h范围内进行实验。废水由计量泵计量输出，从底部注入厌氧反应室，经过厌氧降解反应后上升至三相分离器。在三相分离器中，代谢气体从顶部出去进入湿式气体流量计进行计量，出水由出水口流入出水箱。恒温水箱中的水由恒温加热控制器控制加热温度至设置温度，调节恒温水箱温度，使反应器温度显示在30～35℃。

② 经恒温水循环泵从底部注入恒温夹套，从恒温夹套上部出来返回恒温水箱，如此反复循环。在进水浓度、pH、UASB反应器温度不发生改变的情况，分别调整流量为3L/h、4L/h、5L/h、6L/h来运行实验，每个流量运行2d。记录进出水的COD、pH、TN和TP值。

③ 实验过程中观察进水箱是否有沉淀，尽量使进水箱的搅拌浆持续工作。

④ 每日记录反应器的进水流量和温度、产气量。

3. 结束实验

① 关闭水泵。

② 检查系统各部位有无渗漏或其他故障。

（五）原始数据记录及结果整理

1. 每日检测项目

① 将污泥驯化和反应器运行过程中检测的数据记录在表2-18。

表2-18　UASB法处理有机废水实验操作记录

序号	时间/d	进水流量/(L/h)	进水箱水温/℃	UASB反应器水温/℃	产气量/(L/h)
1					
2					
3					
4					
5					
6					
7					
8					
9					
10					
11					
12					
13					
14					
15					
16					
17					
18					
19					
20					
污泥情况分析	描述整个实验期间污泥沉降性能、粒径（是否形成颗粒污泥）、出水颜色和气味、异常情况等				

② 根据表2-18的数据记录，分析进水流量的变化对UASB工艺的主要影响。

③ 观测UASB反应器中污泥从驯化到运行过程中的变化情况，并做说明。

2. 水质检测记录

① 测试每日进水和UASB出水的水质，检测项目COD、pH、TN、TP，记录在表2-19。

表2-19　UASB法处理有机废水实验水质检测记录

序号	采用日期	原水（进水箱）				UASB出水			
		COD/(mg/L)	pH	TN/(mg/L)	TP/(mg/L)	COD/(mg/L)	pH	TN/(mg/L)	TP/(mg/L)
1									
2									
3									
4									
5									
6									
7									
8									
9									

序号	采用日期	原水（进水箱）				UASB 出水			
		COD/(mg/L)	pH	TN/(mg/L)	TP/(mg/L)	COD/(mg/L)	pH	TN/(mg/L)	TP/(mg/L)
10									
11									
12									
13									
14									
15									
16									
17									
18									
19									
20									

② 根据表2-19绘制COD去除率曲线，并做说明。

③ 计算随着流量的变化，UASB反应器的有机负荷变化情况，并做说明。

三、知识与能力训练

实验报告的撰写应从研究报告的角度来分析，并说明还有哪些因素可以影响UASB工艺对高浓度有机废水的处理效果。如果好氧和厌氧联用，思考应如何进行工艺流程的设计。

第五节　A^2/O工艺处理生活污水调试运行模拟实验

一、学习任务

本节学习任务表见表2-20。

表2-20　学习任务

实验内容		A^2/O工艺处理生活污水模拟调试运行模拟实验					学时	2周
任务描述		1. 掌握A^2/O工艺的组成与工艺原理； 2. 掌握A^2/O工艺的特点； 3. 掌握A^2/O工艺运行处理过程的影响因素，熟悉A^2/O工艺的调试运行； 4. 掌握实验数据的分析、整理、计算； 5. 熟悉根据数据处理绘制图表，并能进行分析和总结； 6. 学会实验装置的调试和维护步骤； 7. 具有团队协作、科学探索精神						
实施安排	实施环节	预习（导学）			实验			
	课时	0.5周			3周			
	完成形式	MOOC或教程	书面	线下	线上	线下	线下线上结合	
	要求	1. 通过MOOC学习、查找资料、网络搜索、观看视频和录像，完成预习报告，格式见表2-1； 2. 独立或合作完成整个实验流程，并能获得相应的实验数据，独立完成实验报告，格式见表2-2；						

	3. 实验结束后进行自评、小组互评、教师评价，格式见表2-3； 4. 具有一定的自学能力、协调能力和语言表达能力； 5. 具有团队合作精神，以小组的形式完成学习任务； 6. 遵守实验室纪律，不得迟到、早退； 7. 积极参与小组讨论，严禁抄袭
要求	

二、实验内容

（一）实验目的

① 理解装置的工作原理和流程，明确 A^2/O 生物脱氮除磷装置各构筑物、设备和管路之间的连接关系。

② 掌握 A^2/O 工艺装置的试运行。采用清水对装置进行试运行，重点检查电控、泵、搅拌、曝气等设备是否运行正常，池体、管道和流量计进出水口有无漏水，以便后续装置的正常启动运行。

③ 分析 A^2/O 工艺对废水脱氮除磷的效果。

④ 设计 A^2/O 运行方案，包括启动初始进水流量、污泥回流量和硝化液回流量等。

（二）实验原理

1. A^2/O 工艺流程

A^2/O 法又称 A/A/O 法，是英文 anaerobic-anoxic-oxic 第一个字母的简称（厌氧-缺氧-好氧法），是一种常用的污水处理工艺，可用于二级污水处理或三级污水处理，以及中水回用，具有良好的脱氮除磷效果，对于防止水体富营养化的加剧有重要的作用。A^2/O 工艺是污水脱氮除磷技术的主流工艺，同常规活性污泥相比，不仅能去除BOD，而且能去除氮和磷。按照《污水综合排放标准》（GB 8978—1996）规定，氨氮最高容许排放浓度二级标准是25mg/L，磷酸盐（以P计）最高容许排放浓度二级标准是1.0mg/L。

工艺设备流程见图2-5。

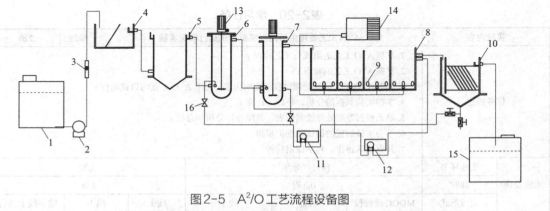

图2-5 A^2/O 工艺流程设备图

1—进水箱；2—进水磁力泵；3—流量计；4—格栅；5—调节池；6—厌氧池；7—缺氧池；8—好氧池；9—曝气砂芯；10—斜板沉淀池；11—污泥回流泵；12—硝化液回流泵；13—搅拌电机；14—气泵；15—出水箱；16—阀门

在 A^2/O 工艺中，首先，原污水与从二沉池回流的含磷污泥进入厌氧池（DO＜0.3mg/L）完全混合，经一定时间（1～2h）的厌氧分解，去除部分BOD，部分含氮化合物转化成 N$_2$（反硝化）而释放，回流污泥中的聚磷微生物释放出磷，满足细菌对磷的需求。该阶段主要功能为聚磷菌释放磷，有机物氨化。污水中P的浓度升高，溶解性有机物被微生物细胞吸收而使污水中BOD浓度下降。NH$_4^+$-N因细胞的合成而被去除一部分，使污水中NH$_4^+$浓度下降，但NO$_3^-$含量没有变化。

污水自厌氧池进入缺氧池（DO＜0.5mg/L），池中的反硝化细菌利用污水中未分解的含碳有机物作碳源，将好氧池通过内循环回流进来的NO$_3^-$、NO$_2^-$通过反硝化作用，转化成N$_2$释放，达到脱氮的目的。该阶段BOD$_5$浓度下降，NO$_3^-$浓度大幅度下降，达到同时去碳及脱氮的目的，而磷的变化很小。

接着污水流入好氧池，有机物被微生物生化降解，继续下降。硝化细菌通过生物硝化作用将水中NH$_4^+$进行硝化反应生成NO$_3^-$、NO$_2^-$，使NH$_4^+$浓度显著下降。同时水中有机物氧化分解供给吸磷微生物以能量，从水中吸收磷，磷进入细胞组织，经沉淀池分离后以富磷污泥的形式从系统中排出。好氧池主要功能是去除BOD，进行硝化反应，去除磷（吸磷）。该阶段磷浓度大幅下降，BOD继续下降，NH$_4^+$浓度显著下降，完成硝化。

经过污水和活性污泥不停地循环流动，从而完成对废水的氧化、硝化与反硝化除磷处理。A^2/O 工艺可以同时完成有机物的去除、硝化脱氮、磷的过量摄取而被去除等功能，脱氮的前提是NH$_4^+$应完全硝化，好氧池能完成这一功能，缺氧池则完成脱氮功能，厌氧池和好氧池联合完成除磷功能。

2. A^2/O工艺的主要特点

① 污染物去除效率高，运行稳定，能较好地耐受冲击负荷；

② 污泥沉降性能好；

③ 厌氧、缺氧、好氧三种不同的环境条件和不同种类微生物菌群的有机配合，能同时具有去除有机物、脱氮除磷的功能；

④ 脱氮效果受混合液回流比大小的影响，除磷效果则受回流污泥中夹带DO和硝酸态氮的影响，因而脱氮除磷效率不可能很高；

⑤ 在能同时脱氮除磷去除有机物的工艺中，该工艺流程最为简单，总的水力停留时间也少于同类其他工艺；

⑥ 在厌氧—缺氧—好氧交替运行下，丝状菌不会大量繁殖，SVI一般小于100，不会发生污泥膨胀；

⑦ 污泥中磷含量高，一般为2.5%以上。

（三）实验设备和材料

1. 实验设备与仪器

（1）A^2/O工艺实验设备　主要组成为：厌氧池、缺氧池、好氧池、斜板沉淀池、格栅、调节池、进水箱、出水箱、进水磁力泵、气泵、回流泵、各种阀门等。

（2）实验仪器与试剂

① COD测定仪器与试剂；

② BOD测定仪器与试剂；

③ 氨氮测定仪器与试剂；

④ TN测定仪器与试剂；

⑤ TP测定仪器与试剂；

⑥ DO仪；

⑦ pH计；

⑧ 其他玻璃仪器：烧杯、量筒、玻璃棒、漏斗、锥形瓶、定量滤纸。

2.其他实验材料

① 实验废水：采用校园宿舍区生活污水。控制原水的 BOD_5：N：P=100：5：1。

② 污泥：来源于城市污水处理厂，厌氧污泥可在污泥消化池中获取，好氧污泥可在二沉池获得。提前进行好氧活性污泥和厌氧污泥的培养和驯化。

（四）实验步骤

1. A²/O工艺设备清水试运行

① 识别A²/O工艺流程中装置的所有构筑物、设备的功能和工作原理，检查各设备管路是否连接好，检查各个设备和所有连接是否松动，各个单体构筑物是否连接良好。

② 采用清水对装置进行试运行。按照A²/O工艺的顺序和设计参数要求，分别将清水注入进水箱、调节池、厌氧池、缺氧池、好氧池、二沉池等构筑物中，同时开启进水流量计和各个水泵、气泵和污泥泵，将这些单体设备和构筑物连续性地依次联动开机。重点检查电控、泵、搅拌、曝气等设备是否运行正常，池体、管道和流量计进出水口有无漏水，以便后续装置的正常启动运行。

2. 微生物的驯化和培养

① 从污水处理厂直接取污泥。分别在厌氧池和缺氧池中投加50%～70%体积的厌氧污泥，再投加50%体积的生活污水至出水口处。待污水进满厌氧池、缺氧池后分别开启搅拌开关，搅拌速度调整至保证污泥不能沉淀的最小速度。在好氧池中投加10%～20%体积的好氧活性污泥，投加50%体积的生活污水，再加自来水至出水口处，启动好氧池的曝气装置，进行曝气，每日曝气时间为10～12h，曝气期间需要使曝气池溶解氧达到2mg/L以上。

② 各反应器污泥的培养驯化。每日记录污泥生长情况。通过镜检观察生物相及微生物的生长情况，每日测定各池污泥浓度（MLSS）和污泥沉降比（SV_{30}），并计算出相应的污泥体积指数（SVI），记录在表2-21。

③ 每日当曝气池停止曝气2h后在各个构筑物采样，分析测试水质，记录在表2-22中，做好原始记录。取样时需要观察泥水界面，不能扰动泥面。

④ 每日取样结束后，排出各反应器的上清液。再投加一定体积的废水（其中废水占比为50%有效体积培养2天，70%体积培养2天，100%体积培养3天），继续开启曝气池曝气系统。整个过程维持到当污泥浓度（MLSS）在2000～3000mg/L，SV在20%～30%，或者SVI在50～150范围内，即为培养驯化成功。在驯化过程需要每日观察污泥情况，投一定量的含有氮、磷的营养物质，保证C：N：P=100：5：1，促进活性污泥反应正常进行，保证微生物能良好地生长繁殖并保持较高的活性。经过计算并通过实际观察，可向相应池段（因各池曝气情况的不同而有所不同）投加一定量的尿素和磷酸氢二铵，若COD浓度较低需要按比例投加葡萄糖。

3. A^2/O工艺系统的启动和运行

① 在进水箱加满水，打开进水泵，为了节省时间也可提前将实验污水倒满格栅池和初沉池，按照水力停留时间为10h来调节流量计进水。运行一周。

② 开启污泥回流泵、硝化液回流泵，污泥回流比设为50%左右。

③ 开启空气泵，调节曝气量，一定的曝气时间后将好氧池中的溶解氧控制在2～4mg/L。开始启动系统。

④ 当系统MLSS达到3000mg/L以上时，实验参数稳定，出水水质良好，可逐渐加大进水流量，并相应加大回流流量。每日测试进水及出水COD、SS、TN、氨氮、TP等指标，并记录在表2-22。每隔三天检测污泥性质，包括MLSS、SV和SVI等指标，记录在表2-21。

⑤ A^2/O工艺各个构筑物中微生物对温度和DO变化等较为敏感，在系统运行期间，监测厌氧池、缺氧池和好氧池内的pH和DO环境。

⑥ 改变水力停留时间为8h，采用连续进水连续出水的模式，固定回流比进行实验。分别进行污泥性状和水质指标的测定，运行至少一周，测定数据记录在表2-21、表2-22。

⑦ 也可改变污泥负荷、污泥回流比等参数来进行实验研究。

4. 实验结束后的整理

① 由于厌氧污泥不容易培养和获得，因此当实验结束后不要轻易丢弃污泥，可以定期向厌氧、缺氧反应器中加入人工废水，以保持这些污泥的活性。

② 清洗干净不用的实验单元，如格栅池、初沉池和好氧池，放干积水。

（五）原始数据记录和整理

1. A^2/O工艺系统污泥生长情况的记录

① 记录厌氧池、缺氧池和好氧池中污泥的生长情况，填写到表2-21。

② 绘制随时间变化，各个反应池中SVI与时间变化曲线，并判断污泥的活性。

③ 计算污泥负荷的变化。

表2-21　A^2/O工艺系统污泥生长情况记录

采样时间	厌氧池				缺氧池				好氧池			
	MLSS/ (mg/L)	SV$_{30}$ /%	SVI/ (mL/g)	DO/ (mg/L)	MLSS/ (mg/L)	SV$_{30}$ /%	SVI/ (mL/g)	DO/ (mg/L)	MLSS/ (mg/L)	SV$_{30}$ /%	SVI/ (mL/g)	DO/ (mg/L)

2. 记录A²/O工艺系统的运行数据

① 记录系统在启动和运行过程中的水质指标变化在表2-22中。

② 根据表2-22的数据，绘制随时间变化废水各水质指标去除率曲线。

③ 在系统运行期间，监测厌氧池、缺氧池和好氧池内的pH和DO的变化，填写到表2-21、表2-22中，并说明pH和DO的变化对A²/O工艺运行效果的影响。

④ 讨论实验采用的A²/O工艺脱氮除磷效果，并分析主要影响因素。

表2-22　A²/O工艺系统不同反应器水质指标变化

采样时间	厌氧池						缺氧池						好氧池					
	COD/ (mg/L)	NH_4^+-N/ (mg/L)	TN/ (mg/L)	TP/ (mg/L)	SS/ (mg/L)	pH	COD/ (mg/L)	NH_4^+-N/ (mg/L)	TN/ (mg/L)	TP/ (mg/L)	SS/ (mg/L)	pH	COD/ (mg/L)	NH_4^+-N/ (mg/L)	TN/ (mg/L)	TP/ (mg/L)	SS/ (mg/L)	pH
1																		
2																		
3																		
4																		
5																		
6																		
7																		
8																		
9																		
10																		
11																		
12																		
13																		
14																		
15																		
16																		
17																		
18																		
19																		
20																		

（六）实验报告的撰写

实验报告的撰写应从研究报告的角度来分析，并说明还有哪些因素可以影响A²/O工艺进行脱氮除磷的处理效果。

本实验也可设计不同的进水流量、进水浓度、停留时间、回流比等条件来完成。

三、知识与能力训练

① 为什么A²/O工艺脱氮效果好时，除磷效果较差？反之亦然，很难同时取得较好的脱氮除磷效果的原因是什么？

② 如何针对上一题中A²/O工艺存在的问题进行工艺设计和运行改进？

第三章　水污染控制工程专项综合训练

　　水污染控制工程专项综合训练实训是水污染控制工程课程的实践教学环节，也是环境工程专业认证不可缺少的一部分内容。本章是对水污染控制课堂理论教学与专项工程实训进行综合训练的环节，包含两部分内容：一是项目实训及工艺模拟环节，主要由虚实结合的废水处理工程模拟和污水处理厂调研两部分组成，在实验室模拟废水处理工程小试，对污水处理厂的工艺流程及各个构筑物的运行情况调研实习；二是污水处理工程项目综合设计环节，在模拟废水处理工艺和污水处理厂调研的基础上，完成水处理工程的设计任务，提高综合运用基础理论、基本技能和专业知识来分析问题和解决工程设计问题的能力。

一、学习目标

　　① 通过对污水处理工艺系统的模拟以及对污水处理厂的调研学习，深入理解物理处理工艺、好氧生物处理、厌氧生物处理以及生物脱氮除磷深度处理等工作原理、生产过程，掌握各处理构筑物的结构、组成功能及运行参数。

　　② 通过虚拟仿真实验系统对工业废水不同处理工艺进行模拟，将虚拟仿真平台的理论学习与校外实践基地的实践结合，极大地提升对于工程原理和工艺运行的认知，提高学习主动性，有利于构建性学习。

　　③ 通过污水处理厂的调研实习，了解水污染控制各个构筑物的类型、产品定位及生产过程，增加对污水处理厂内水污染控制工程项目的工作流程、生产管理、设备管理等方面的认识。

　　④ 培养细心踏实、思维敏锐、勇于创新和肯于钻研的职业精神，不断增强环境保护意识。

二、基本要求

　　① 了解污水处理厂的综合情况，包括物理处理、好氧生物处理和厌氧生物处理等工艺的构筑物组成、结构及运行参数，污水处理厂的设计特点及技术经济指标，污水处理的操作流程、运行特点、管理模式及社会效益。

　　② 理解污水处理工程中物理处理、好氧生物处理、厌氧生物处理等工艺过程的理论基

础，理解各处理工程的设计内容、方法和步骤。

③ 实习过程中应理论联系实际，掌握污水中不同类型污染物的去除工艺运行参数和处理效果，了解不同处理工艺的组成、特点及运行情况、处理效率，理解工程实践概念，提高工程设计能力。

三、完成内容

每个实践训练任务结束后需要完成如下内容。

① 完成"学习任务"的内容，并完成相应的课前测。

② 完成预习计划表的填写，具体见表3-1。

③ 全程参与实践，并撰写实践报告，见表3-2。

④ 完成实践评价表的填写，见表3-3。

四、成绩考核

1. 考核方式

分别从主动性、实习态度、实习过程、实习报告等几个方面进行考核，考核专业能力、方法能力、素质能力。

2. 成绩评定方式

考核按100分制记录成绩。

表3-1　预习计划

实践内容				学时	
实践目的					
实践设计和内容	可附页				
实践方式	小组成员合作，动手实践，独立完成实践报告				
预习计划说明	（可以说明不懂、有异议的内容等，或者标记重点内容）				
预习评价	姓名		学号		
	教师签字		日期		
	教师评语				

表3-2　实践报告

实践内容				学时	
实践方式	小组成员合作，动手实践，独立完成模拟训练实践报告				
原始数据记录	可附页				
数据整理	可附页				
结论	可附页				
评语	姓名		学号		
	教师签字		日期		
	教师评语				

表3-3　实践总评价表

实践内容					学时	
评价类别	项目	占比	学生自评	小组互评	教师评价	
专业能力 （35%）	导学作业	5%				
	预习	10%				
	实践过程评价	20%				
方法能力 （45%）	操作协调能力	20%				
	实践报告撰写和决策能力 （实验结果）	25%				
素质能力 （20%）	团队协作	10%				
	主动性	10%				
姓名		学号		总评		
教师评价	评语： 签名： 日期：					

第一节　废水处理单元集成处理系统模拟训练

一、学习任务

本节模拟训练任务见表3-4。

表3-4　模拟训练任务

实验内容		废水处理单元集成处理系统模拟训练			学时		2周
任务描述		1. 掌握各工艺处理废水及环境工程学的基本原理与方法； 2. 了解计算机数据采集与控制系统在废水处理工程中的应用； 3. 了解污水处理厂的运行流程； 4. 掌握实验数据的分析、整理、计算； 5. 熟悉根据数据处理绘制图表，并能进行分析和总结； 6. 学会实验装置的调试和维护步骤； 7. 具有团队协作、科学探索精神					
实施安排	实施环节	预习（导学）			实验		
	课时	0.5周			1.5周		
	完成形式	MOOC或教程	书面	线下	线上	线下	线下线上结合
要求		1. 通过MOOC学习、查找资料、网络搜索、观看视频和录像，完成预习报告，见表3-1； 2. 独立或合作完成整个实验流程，并能获得相应的实验数据，独立完成实践报告，见表3-2； 3. 实训结束后进行自评、小组互评和教师评价，见表3-3； 4. 具有一定的自学能力、协调能力和语言表达能力； 5. 具有团队合作精神，以小组的形式完成学习任务； 6. 遵守实验室纪律，不得迟到、早退； 7. 积极参与小组讨论，严禁抄袭					

二、模拟训练实践内容

（一）模拟训练目的

① 掌握常规的各种物理处理工艺、厌氧处理工艺、好氧处理工艺、化学处理工艺、臭氧氧化/消毒工艺等单元组合工艺处理废水的基本原理与方法。

② 了解计算机数据采集与控制系统在废水处理工程中的应用。

③ 根据废水处理要求，模拟不同组合处理工艺并进行动态操作。

（二）主要工作原理

1. 废水处理方法及工艺简介

废水处理方法可分为化学法、物理法和生物法。物理法的典型工艺为格栅、沉砂池、初沉池、溶气气浮池等；生物法的典型工艺为SBR、生物接触氧化池、膜生物反应器、BAF（曝气式生物滤池）、氧化沟、生物转盘、UASB；化学法的典型工艺为臭氧氧化、光催化、混凝沉淀、电解、中和等。

2. 废水处理方法与工艺的集成系统

在废水处理工程实践中，往往都是根据废水的种类及废水的COD、BOD、浊度等参数和出水指标将不同的方法、工艺进行单元集成（组合），对废水进行有效的处理，保证达标排放。因此，很难在工程实践中找到单一方法、单一工艺处理废水的实例。

3. 模拟训练集成的方法与工艺

本模拟训练将物理法的物理处理（格栅、曝气沉砂池、初沉池），生物法的厌氧处理（水解酸化池、UASB），生物法的好氧处理（SBR、膜生物反应器、生物滤池、生物接触氧化池等），以及化学法的混凝、臭氧氧化/消毒工艺有机集成为综合处理废水工艺。

4. 废水集成模拟训练工艺流程图

本模拟训练工艺流程如图3-1所示。

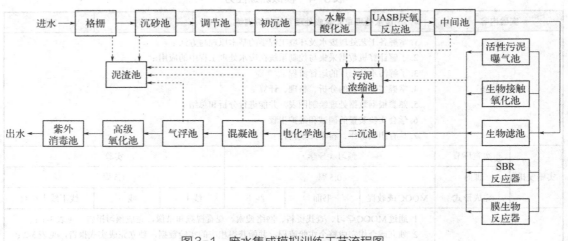

图3-1　废水集成模拟训练工艺流程图

在具体的实践过程中，可根据实验要求进行各处理单元间自由组合、搭配，以发挥该实验设备的最大作用。在每个实验单元的控制方面采用了先进的工业计算机加"组态"软件控制技术，直接在大屏幕显示器上面进行具体的控制操作。

图3-2是根据工艺流程而设计的工控计算机数据采集与控制系统界面。

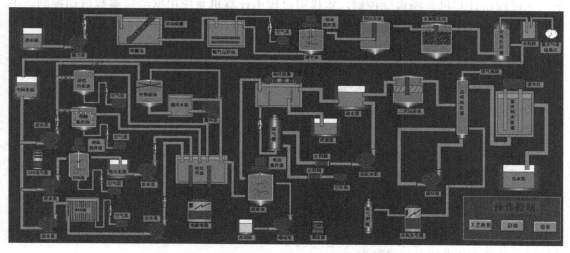

图3-2　计算机数据采集与控制系统框图

（三）实验装置与材料

1. 实验装置

① 进水箱、出水箱；

② 污水提升泵、流量计；

③ 物理、化学处理装置：电动格栅、沉砂池、竖流式沉淀池、气浮装置、电化学装置、混凝装置；

④ 厌氧实验装置：水解酸化池、UASB池；

⑤ 好氧实验装置：SBR反应器、膜生物反应器、生物滤池、生物接触氧化池、活性污泥曝气池；

⑥ 高级氧化实验装置：臭氧氧化装置、紫外催化氧化装置；

⑦ 曝气气泵；

⑧ 进水、进气流量计；

⑨ 手动控制阀门；

⑩ 自动控制电动阀门/电磁阀；

⑪ 计算机数据采集与处理系统；

⑫ PLC。

2. 实验仪器与试剂

紫外分光光度计、浊度仪、COD快速消解测定仪、BOD_5测定仪、溶解氧在线测定仪、pH在线监测仪、氨氮在线监测仪、液位控制器。

3. 其他实验材料与试剂

人工配制废水。按照BOD_5：N：P=100：5：1的比例进行配制。

（四）模拟训练内容

系统工作分为手动和自动，手动调节各个反应器的流量，整个工艺过程可以由人工点击计算机界面控制开泵、关泵，控制各个反应器进水、出水等过程。系统自动工作时，整个工艺过程由计算机系统自动控制，本模拟过程由计算机系统根据给定参数自动控制。手动系统仅在自动系统出现故障或调试时使用。具体模拟训练内容如下：

① 水泵的启动/停止由给定液位控制；

② 格栅、曝气沉砂池、沉淀池、调节池均由流量计控制进水；

③ SBR反应器由反应器液位控制或由PLC定时控制（进水、曝气、静沉、排水，时间可人为设定）；

④ 工艺过程参数（液位、pH、DO、流量、COD、氨氮等指标）由计算机采集并处理；

⑤ 在计算机屏幕上，可以监视工艺过程的运行情况；

⑥ 点击废水综合处理系统中各个按钮，变绿为启动，变红为结束运行；

⑦ 整个系统运行过程中，通过高低水位或磁力泵进水，在某个反应器进水达到溢流口进入下一个反应器时，需要手动调节进水流量、气量等参数；

⑧ 启动自动控制系统并观察系统的工作状态，正常运行后观察计算机监控系统的pH、溶解氧、流量变化曲线并记录数据；

⑨ 实验结束，关闭阀门、流量计等仪器设备；

⑩ 分别从采样点（污水箱、沉砂池、初沉池、二沉池以及各个工艺单元的出水口）取水样；

⑪ 测原水及各采样点出水COD、SS、氨氮，记录实验数据。

（五）主要实施步骤

1. 预处理及厌氧处理工艺

预处理及厌氧处理工艺流程见图3-3。水流通过高低水位和磁力泵输送。进水箱容量150L，通过磁力泵按照1L/min的流量进入电动格栅。

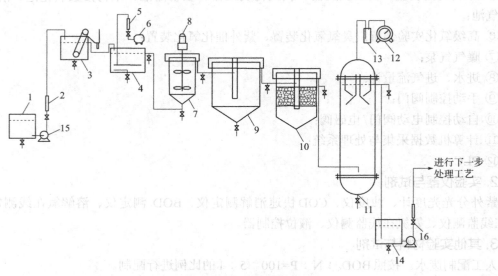

图3-3 预处理及厌氧处理工艺流程

1—进水箱；2—流量计；3—格栅；4—曝气沉砂池；5—气体流量计；6—空气泵；7—调节池；8—电动搅拌器；9—初沉池；10—水解酸化池；11—厌氧反应器；12—湿式气体流量计；13—水封瓶；14—中间水箱；15—磁力泵；16—阀门

（1）电动格栅池　格栅池有各种形式，在工业应用上采用最多的是电动格栅。它可以在隔除废水中漂浮物的同时，自动将隔除的杂物输送到收集槽或收集池里面，大大提高了去除原水中漂浮杂物的工作效率。点击电脑显示屏上完全按照工业应用微缩制作的电动格栅输送带，可非常直观地展现电动格栅的工作过程及工作效率。按照不同的需求进行流量调节。

（2）除砂池（沉砂池）　沉砂池也有各种类型，其中曝气沉砂池的工作效率比较高。它利用曝气产生的扰动现象，引起砂粒之间发生摩擦，将附着在砂粒表面的有机物剥离下来，砂粒就依靠自身的重力很快沉淀到池底。从出水口采样，根据进出水SS来判断沉砂池的去除效率。

（3）调节池　调节池的目的是对不同时间、不同浓度的原水水质进行混合调节，以减小水质变化对后续处理单元带来的负荷冲击。采用电动搅拌的方式充分混合原水，其调节效果较好。

（4）初沉池　初沉池的目的是去除原水中可以自由沉淀的悬浮颗粒物。采用竖流式沉淀池进行工艺搭配。随时从出水堰排放口采样测定SS、COD，进行SS、COD去除率的比较。

（5）水解酸化池　水解酸化是利用厌氧菌或兼性厌氧菌，对可降解的有机物进行初步降解的过程。其主要降解产物为有机酸，该过程可以为下一步的厌氧反应降低处理负荷。采用塑料多面球作为微生物的生长附着载体，提前投加反应器体积10%的活性污泥，保证水力停留时间为4～6h。在出水口取样测定COD和BOD_5。

（6）厌氧反应器　采用UASB厌氧反应器，其关键技术是二级三相分离器，即反应器上端具有两个组合的三相分离器，使固、液、气的分离效果大大提高。厌氧反应区有效体积70L。厌氧反应器产生的代谢气体由湿式气体流量计进行计量，可以表征厌氧反应。将已经提前驯化好的厌氧污泥投加到反应器的1/3体积处。

2. 好氧生物处理工艺

好氧生物处理系统包含了活性污泥曝气池、好氧生物接触氧化池、生物滤池、序批式生物曝气池、膜生物反应池，可以根据实验需要任选一个反应器进行实验。五个好氧反应器并联设置，在屏幕上点击选择的反应器进行工艺模拟。工艺流程图见图3-4和图3-5。

（1）活性污泥曝气池　采用曝气区与沉淀区合二为一的设计，可节省用地、降低造价，运行管理方便。采用工业用专业曝气盘、静音式空气泵进行曝气，曝气区有效体积为50L。将提前培养驯化好的污泥按照反应器体积的1/10进行投加，进行运行管理。

（2）生物接触氧化曝气池　该氧化曝气池在结构上与上述活性污泥曝气池基本一致，只是在曝气区内部安装了许多弹性填料，用来固定和附着活性微生物体。同样，采用工业用专业曝气盘、静音式空气泵进行曝气，曝气区有效体积为50L。将提前培养驯化好的污泥按照反应器体积的1/10进行投加，进行驯化挂膜。

（3）生物滤池　生物滤池采用外循环的方法来延长被处理废水在反应池里面的停留时间。采用塑料多面球作为生物膜生长的载体，生物滤池有效体积为38L。将种泥按照反应器体积的1/10进行投加，形成生物膜。

（4）序批式生物反应器（SBR）　该反应器采用"进水—曝气—沉淀—滗水—闲置—再进水"循环工作的方式来处理废水。采用了自动化仪表来进行整个处理周期的自动运行控制，在计算机上设置SBR进水方式（液位控制/时间控制），若选择时间控制，输入进水时

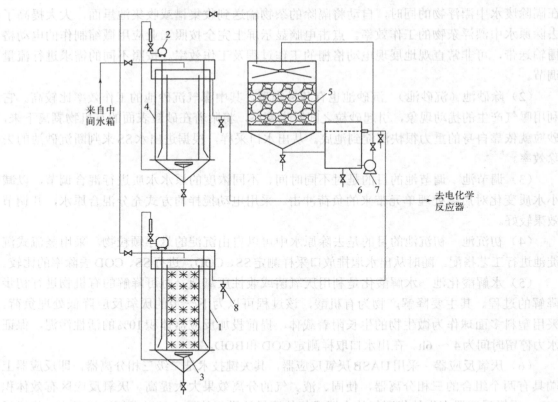

图3-4　好氧生物处理工艺流程（1）

1—生物接触氧化曝气池；2—空气泵；3—曝气盘；4—活性污泥曝气池；5—生物滤池；6—水箱；7—磁力泵；8—阀门

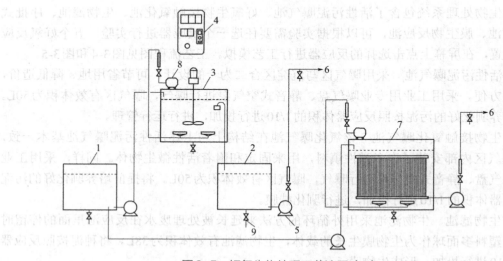

图3-5　好氧生物处理工艺流程（2）

1—进水箱；2—出水箱；3—SBR反应器；4—时间控制箱；5—磁力泵；6—去电化学反应器；7—膜生物反应器；
8—气泵；9—阀门

间。反应器有效体积为54L。在计算机上依次设置SBR曝气时间、静沉时间、排水时间。关闭SBR手动进水阀、手动进气阀、手动排水阀。打开SBR进水流量计、进气流量计。

（5）膜生物反应器（MBR） 该反应器是利用膜分离技术结合好氧微生物处理废水的方法。其最大的优点是固液分离的效果非常理想，缺点是分离膜的使用寿命较低和投资价格较高，目前还没有很好的解决方法。反应器有效体积为80L，采用的分离膜为中空纤维膜，膜面积$8m^2$，膜孔径$0.02\mu m$。手动调节进水流量和气量，打开出水阀门，查看出水流量。

分别在上述生化反应器采样，测定COD、BOD_5、NH_4^+-N等水质指标并记录。

3.物理、化学处理工艺

物理、化学处理工艺主要包括气浮法、混凝沉淀、高级氧化工艺（臭氧氧化、紫外杀菌、电解）等，具体工艺流程见图3-6。气浮池、混凝反应器、臭氧发生器、紫外线杀菌器、电解反应器可以设置成串联，也可任选一个来完成系统流程。

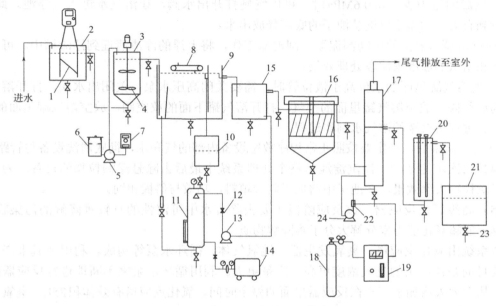

图3-6 物理、化学处理工艺流程

1—电极；2—电解反应器；3—混凝反应器；4—搅拌器；5—蠕动泵；6—药剂箱；7—数显调速器；8—刮浮渣机；9—气浮池；10—浮渣箱；11—溶气罐；12—止回阀；13—高压水泵；14—空压机；15—清水箱；16—二次沉淀池（竖流式）；17—臭氧氧化反应器；18—氧气钢瓶；19—臭氧发生器；20—紫外线杀菌器；21—出水箱；22—水射器；23—阀门；24—循环水泵

（1）电解反应器 采用直流电解池法，配备5对钛钢极板，其尺寸为200mm×250mm。电解电源为大功率开关电源，0～36V可调，输出电流≤25A，过载保护。废水在此电解反应器中进行一系列的氧化还原反应和凝聚反应。

电解反应器在启动之前，要先将开关电源的输出电压调节钮向左调至最小。开关电源通电后，再慢慢调节电压输出钮，并观察旁边电流表的电流指示情况。一般控制输出电压在电极板上面冒出气泡即可。根据水质调节流经的电流大小，一般情况下以不超过10A的工作电流为宜。

（2）混凝反应器 在该处理阶段主要是去除废水中的胶体物质和细小的悬浮颗粒物质。利用化学混凝剂来与这些物质进行混凝反应，形成较大直径的颗粒物质，以便加速沉淀去除。在前面的电化学反应中，会产生少量金属的氢氧化物，也有利于絮凝颗粒物的形成。该混凝反应器带有电动搅拌器、加药剂的蠕动泵，配药剂箱。可选择一种混凝剂，设定混凝时间，分析实验处理效果。

（3）气浮池　气浮池的任务，就是去除之前处理过程中产生的各种悬浮颗粒物。由于实验型的气浮设备相对较小，如果要连续运行，则进气量、进水量等条件的设置较难达到一个平衡，所以采用的是间歇式溶气方式。

气浮实验设备的操作方法如下：

① 开机前关闭溶气罐的放空阀、放气阀、出水阀。

② 点击显示器界面上气浮系统里面的空压机，空压机工作。等到空压机自动停止，溶气罐上面的压力表应显示0.4MPa压力。关闭空压机的输出阀门。

③ 点击显示器界面上气浮系统里面的高压水泵，水泵工作，慢慢将清水泵入溶气罐，等到溶气罐的压力表显示0.6MPa时，可以慢慢打开出水阀，让溶气水进入气浮池。此时，可以看到有大量的微小气泡从池子的底部释放出来。

④ 点击显示器上的电动刮泥器，刮泥器工作，将上浮的浮渣清理到浮渣槽中。可以通过进水和出水的浊度来比较处理效果。

⑤ 当溶气罐里面的水位高于液位管时，需要关闭高压水泵，关闭出水阀，打开溶气罐上部的放气阀，放空溶气罐里面的空气；打开溶气罐下面的放空阀，放空溶气罐里面的水。然后重新进行溶气罐的溶气水制作过程。

⑥ 实验结束后，一定要按照正常程序放空设备内部的气和水，彻底清洗设备与管路。

（4）二次沉淀池　二次沉淀池是整个处理系统中最后去除悬浮颗粒物的设备。为了提高悬浮颗粒物去除效果，在池子中增加了斜管填料，功效与斜板相同。

（5）高级氧化反应器　该反应阶段主要去除废水中可溶性的且较难降解的污染物质。通过臭氧的超氧化能力来分解大分子难降解物质。

该系统由氧化反应塔、臭氧发生器、纯氧气体、循环水泵等构成。利用纯氧来产生臭氧，其目的是使产出的臭氧浓度更高，产量更大。利用循环水泵来不断地进行反应器的内循环，从而大大增加了废水在反应器里面的停留时间。氧化反应塔有效体积25L。臭氧发生器臭氧产生量3g/h。

主要步骤如下：①依次打开进水阀、水泵、流量计，调节进水流量；②打开制氧机、臭氧发生器，调节氧气和臭氧流量；③控制进水流量一定，改变投加臭氧浓度；④控制投加臭氧浓度一定，改变进水流量。

（6）紫外线杀菌器　经过各个不同的厌氧、好氧阶段的微生物处理后，废水中含有大量的微生物。虽然经过后续物理、化学方法处理，但水中仍然含有一定量的微生物。最后经过紫外线的照射处理，出水中的微生物消灭率在90%以上，符合处理水的排放要求。

主要步骤如下：①依次打开进水阀、水泵、流量计，调节进水流量；②打开紫外灯，分别控制调节紫外线强度、照射时间、进水流量等。

分别在上述生化反应器采样，测定COD、BOD_5、SS等水质指标并记录。

4. 污泥浓缩池

各个反应阶段产生的剩余污泥，均可排放至污泥浓缩池进行浓缩。测试污泥浓度MLSS。各个反应器均可设置不同的参数变化进行实验。

（六）模拟数据整理

1. 实验数据记录

将原始实验数据填入表3-5中。

表3-5　废水集成实验原始数据记录

各个构筑物采样点	检测项目	数据记录
进水	pH	
	SS浓度/(mg/L)	
	COD浓度/(mg/L)	
	BOD$_5$浓度/(mg/L)	
	NH$_4^+$-N浓度/(mg/L)	
沉砂池出水口	SS浓度/(mg/L)	
初沉池出水口	COD浓度/(mg/L)	
	SS浓度/(mg/L)	
	COD浓度/(mg/L)	
水解酸化池出水口	BOD$_5$浓度/(mg/L)	
	COD浓度/(mg/L)	
UASB池	BOD$_5$浓度/(mg/L)	
	COD浓度/(mg/L)	
膜生物反应器	NH$_4^+$-N浓度/(mg/L)	
	DO浓度/(mg/L)	
	COD浓度/(mg/L)	
活性污泥曝气池	BOD$_5$浓度/(mg/L)	
	DO浓度/(mg/L)	
	COD浓度/(mg/L)	
生物滤池	BOD$_5$浓度/(mg/L)	
	DO浓度/(mg/L)	
	COD浓度/(mg/L)	
生物接触氧化池	BOD$_5$浓度/(mg/L)	
	DO浓度/(mg/L)	
	COD浓度/(mg/L)	
SBR反应器	BOD$_5$浓度/(mg/L)	
	DO浓度/(mg/L)	
	COD浓度/(mg/L)	
	NH$_4^+$-N浓度/(mg/L)	
电解池	pH	
	SS浓度/(mg/L)	
	COD浓度/(mg/L)	
混凝池	pH	
	SS浓度/(mg/L)	
	COD浓度/(mg/L)	

各个构筑物采样点	检测项目	数据记录
气浮池	SS浓度/(mg/L)	
	COD浓度/(mg/L)	
二沉池（出水）	SS浓度/(mg/L)	
	pH	
	COD浓度/(mg/L)	
	BOD_5浓度/(mg/L)	
	NH_4^+-N浓度/(mg/L)	
臭氧反应器	pH	
	COD浓度/(mg/L)	
	BOD_5浓度/(mg/L)	

2. 绘制曲线

绘制同一进水流量条件下不同反应器COD、SS值变化曲线，或者调节不同进水变量与COD值之间的变化曲线。

3. 计算去除率

① 计算UASB处理单元COD去除率、各好氧处理单元COD去除率、高级氧化单元COD去除率。

② 分别计算各污染指标的总去除率，并对结果做出说明。

三、知识与能力训练

① 根据实验数据处理结果，各单元COD去除率有何不同？

② 比较四组好氧反应器出水COD结果，并分析原因。

③ 分析臭氧浓度对处理效果的影响，根据计算机数据采集与处理的结果，系统最佳臭氧投加量是多少？

④ 废水处理工艺集成对处理效果有何意义？

⑤ 计算机监控系统对废水处理工程有何意义？

第二节　工业废水处理工艺的设计和运行综合虚拟仿真训练

视频导学

一、学习任务

本节模拟训练任务见表3-6。

表3-6　模拟训练任务

实践内容	工业废水处理工艺的设计和运行综合虚拟仿真训练	学时	3
任务描述	1. 掌握常规的工业废水各级处理工艺的原理及应用； 2. 了解并参与污水处理厂运行流程的设计；		

任务描述	3. 了解污水处理厂各参数的影响规律和变化过程； 4. 掌握实验数据的分析、整理、计算； 5. 熟悉根据数据处理绘制图表，并能进行分析和总结； 6. 学会实验装置的调试和维护步骤； 7. 具有团队协作、科学探索精神					
实施安排	实施环节	预习（导学）			实验		
	课时	0.5学时			2.5学时		
	完成形式	MOOC或教程	书面	线下	线上	线下	线下线上结合
要求	1. 通过MOOC学习、查找资料、网络搜索、观看视频和录像，完成预习报告，见表3-1； 2. 独立或合作完成整个实验流程，并能获得相应的实验数据，独立完成实践报告，见表3-2； 3. 实训结束后进行自评、小组互评和教师评价，见表3-3； 4. 具有一定的自学能力、协调能力和语言表达能力； 5. 具有团队合作精神，以小组的形式完成学习任务； 6. 遵守实验室纪律，不得迟到、早退； 7. 积极参与小组讨论，严禁抄袭					

二、模拟训练实践内容

（一）模拟训练目的

① 掌握工业废水的处理工艺流程及环境工程学的基本原理与方法。

② 了解污水处理厂厂房、厂区内各相关场景中设备的连接关系。

③ 通过可视化的数据输入输出窗口，观测物理参数的影响规律和变化过程，从而提高正确判断和处理现场状况的能力，最终确保整个工艺过程中的稳定性和安全性。

（二）模拟训练原理

1. 废水处理简介

废水处理实质上就是利用各种方法和技术，将废水中的污染物质分离出来，或将其转化为无害的物质，从而使废水得到净化。根据对废水的净化程度，可以将废水处理分为三级：一级处理，即利用高级处理方式，将工业废水中的有毒有害物质及大分子有机物分解为小分子有机物，除去油类、酸碱类物质及其他悬浮物；二级处理，即除去可溶性有机物和部分可溶性无机物以及经过一级处理残留的悬浮物；三级处理，即除去难降解有机物以及较大程度地去除可溶性N、P等无机物。

2. 物料平衡计算

物料平衡分析为说明某一时间内反应器内的情况提供了一条便捷的途径。对于好氧微生物去除BOD来说，就是在酶的参与下，有机污染物在有氧条件下，通过微生物的作用，转变为CO_2及H_2O，使得有机物量减少，同时微生物量增加的过程。这种在活性污泥曝气池中的有机物减少和微生物量增加仍然遵守物料平衡原理。

物料衡算首先常用文字表述，然后用数学表达式予以表达。

简化描述如下：

$$积累量＝流入量－流出量＋生成量$$

数学表达式如下：

$$\frac{\mathrm{d}S}{\mathrm{d}t}V = QS_0 - QS_e + Vr$$

式中　$\dfrac{\mathrm{d}S}{\mathrm{d}t}$ ——该物料浓度变化率（VSS），mg/(L·d)；

V ——反应器容积，m^3；

Q ——流量，m^3/s；

S_0 ——进入控制提及的反应物浓度，mg/L；

S_e ——离开控制提及的反应物浓度，mg/L；

r ——该物料产生速率，mg/(L·s)。

3. 物理化学单元的处理特性

以传质作用为基础的处理单元具有化学作用，而同时又有与之相关的物理作用，即运用物理和化学的综合作用使污水得到净化处理，如萃取、汽提、吹脱、吸附、离子交换以及电渗析和反渗透等。采用物理化学处理单元一般均需预处理，先除去水中的悬浮物、油渍、有害气体等，有时还要调整pH，以便提高处理效果。

4. 生化系统的特性

微生物的代谢作用可使废水中呈溶液、胶体以及细微悬浮状态的有机污染物转化为稳定、无害物质，还可以去除营养元素氮和磷。

废水生物处理具有非常重要的意义：生物法可以同时去除多种有机物，流程简单且处理费用较低；城市污水中有60%以上的污染物都是有机物，采用生物法去除最为经济；在较低浓度下，生物脱氮是最经济、有效的脱氮方法。目前大多数的工业废水处理厂也都是采用生物处理法作为主体的处理工艺。

5. 高级氧化技术的特性

高级氧化技术已经成为处理生物难降解有毒有机污染物的重要手段，已应用于印染化工、农药、造纸、电镀和印制板、制药、医疗、矿山、垃圾渗滤液等废水的处理。其主要特点有：反应产生的羟基自由基将难降解的有毒有机污染物有效分解，直至彻底转化为无害的无机物，没有二次污染，这也是其他氧化法难以达到的；反应时间短、反应速度快，且过程可以控制，无选择性，能将多种有机污染物全部降解。但其处理过程有的过于复杂，处理费用普遍偏高，氧化剂消耗量大，且仅适用于高浓度、小流量的废水处理，应用于低浓度、大流量的废水处理有一定难度。

（三）装置与材料

粗格栅、细格栅、光催化反应器、电催化反应器、湿式催化氧化反应器、精馏塔、生化系统、MBR系统。

（四）实践步骤

1. 软件启动

进入虚拟仿真实验网页。

2. 废水收集

（1）废水选择　软件分别设置了化工行业、制药行业、印染行业、电镀行业四种不同类型的废水，根据课程内容选择相应的废水。点击其中一种行业，即可跳转到相应的废水处理界面。

（2）废水参数设置　可以根据行业的废水特性，设置相应的废水参数和出水标准，从而对应不同的目标去除率。

点击"浓度"下方的下拉条，可以选择不同浓度，点击"标准"下方的数字，可以输入不同的标准，从而确定不同的目标去除率。参数设置完成后，点击"同意汇入"进入搭建界面。参数设置完成后，点击"返回"回到废水选择界面，重新选择废水。重新选择废水后，操作过程同上。

3. 工艺搭建

（1）工艺流程确定　工艺搭建界面如图3-7所示。点击左侧"元件库"内的设备，下方"设备介绍"会弹出各个设备的具体介绍。根据对每个构筑物的了解，选择合适的设备，左键长按设备拖至中间的布设框中。

设备选择好之后，点击设备进行连线，未连线的构筑物将不计入搭建工艺流程中。

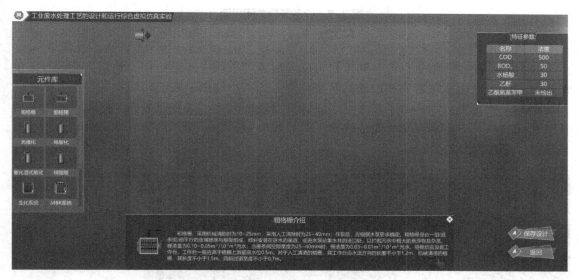

图3-7　工艺搭建界面

注意：

① 设备有进出口之分，出口和出口之间不可相连。

② 设备之间有一定的前后顺序，不可违背实际情况错误搭建。

③ 未进行连线的设备将不计入搭建工艺流程中。

④ 若工艺连接与最佳工艺流程有所差异，会影响工艺设计的得分。

（2）工艺设备开启　设备默认是关闭状态，点击设备下方"开启"按钮，底层会对用户的选择进行反应，体现在左边的"数据变化"栏。点击设备下方"关闭"按钮，底层同样会进行反应，体现在左边的"数据变化"栏。点击"污染物指标"右侧的按钮，可以查看不同指标的浓度变化和去除率变化。点击右下角的"进入场景"按钮，进入三维漫游界面，点击"返回"按钮，返回设备搭建设计界面。设备开启关闭界面如图3-8所示。

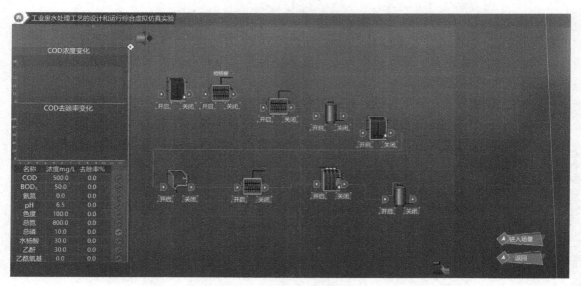

图3-8　设备开启关闭界面

4. 场景漫游

（1）漫游界面介绍　　点击左侧按钮可以开启或者关闭"数据变化"弹窗。点击右上角的小地图，可以随意跳转到相应的构筑物位置。点击小地图下方的相应设备也可以跳转到相应的构筑物位置。点击右下角"返回设计"可以回到上一级搭建界面，修改设备的开启或者关闭状态。点击右下角"完成操作"可以跳转至答题界面，跳转后将不可返回调节参数设置。漫游界面如图3-9所示。

图3-9　漫游界面

（2）设备学习　　选择场景中高亮显示的设备，右键点击该设备，弹出"设备学习""运行原理""返回"三个操作选择框，分别点击按钮进入不同的操作模块，如图3-10所示。

图3-10 设备演示界面

（3）参数调节 参数调节界面如图3-11所示。

图3-11 参数调节界面

鼠标左键点击"阀门"，可以调节阀门开度，控制相应的参数变化，如图3-12所示。

图3-12 阀门调节界面

选择场景中高亮显示的设备，鼠标左键点击该设备，弹出"参数调节"弹框。根据数据变化过程选择合适的参数指标，从而达到预期的污染物去除率，如图3-13所示。

图3-13　数据调节界面

（4）知识考核　点击漫游界面右下角"完成操作"可以跳转至答题界面，跳转后将不可返回调节参数设置。系统从30道题目中随机抽取20道进行考核。点击"选项"旁边的蓝色框可以选中答案，完成一题后可以点击"下一步"继续作答。对于未完成的题目，可以点击"上一题"或者对应题号进行作答。不同的答题状态对应不同的颜色。点击"提交"按钮，可以结束答题。

（五）实践数据整理

记录废水类型、水质情况，并详细记录每一步操作的现象和结果，包括数据性的结果和文字性的工艺流程。记录污染物监测数据并计算去除率，将数据填入表3-7。填写得分至表3-8中。绘制工艺设计连接图于图3-14中。

表3-7　工业废水处理工艺的设计和运行综合虚拟仿真实验原始记录

废水类型：

序号	水质指标	进水/(mg/L)	出水/(mg/L)	标准/(mg/L)	目标去除率/%	最终去除率/%
1	COD					
2	BOD$_5$					
3	氨氮					
4	pH					
5	色度					
6	总氮					
7	总磷					
8	水杨酸					
9	乙酐					
10	乙酰氨基					

表3-8 工业废水处理工艺的设计和运行综合虚拟仿真实验得分

序号	综合指标	得分说明	得分
1	合理设计（10分）	流程顺序的合理性	
2	完整布置（10分）	运行参数的完整设置	
3	观察入微（10分）	完成各提示操作的区域	
4	反应敏捷（10分）	实验操作速度和答题速度	
5	灵活操作（10分）	页面加载完成后的卡顿时间长短	
6	勤奋好学（10分）	认真观看设备简介和运行原理	
7	实验完整度（20分）	整个实验流程的完整操作情况	
8	参数达标率（20分）	污染物的达标情况	

图3-14 工艺设计连接图

三、知识与能力训练

① 工业废水的主要特征是什么？

② 从节能减排的角度来说，你认为工业废水的最佳处理办法是什么？

第三节 城市河道水质治理与管理虚拟仿真综合模拟训练

视频导学

一、学习任务

学习任务见表3-9。

表3-9 学习任务

实践内容	城市河道水质治理与管理虚拟仿真综合模拟训练	学时	3
任务描述	1. 通过虚拟仿真模拟实践，掌握河道治理实验的基本知识和基本原理； 2. 熟悉河道异常情况分析，并通过不同治理技术的理论分析与实验结果进行技术比对； 3. 掌握河道治理技术的工程应用，并能进行美丽河道的综合评价； 4. 能够根据城市河道治理系统的各种信息和治理技术指标，身临其境地体验城市河道治理和管理评价的全过程； 5. 能够根据河道治理的基本流程，独立完成河道周围污染源调查、水质调查和检测，选择不同城市河道的治理技术； 6. 能够将本专业分散的知识点串联成一个系统工程，通过三维构建与数值模拟将污染源调查、水质分析、治理方案设计、运行调试以及综合评价等几个方面有机结合		

实施安排	实施环节	预习（导学）			实验		
	课时	0.5学时			2.5学时		
	完成形式	MOOC或教程	书面	线下	线上	线下	线下线上结合
要求	1. 通过MOOC学习、查找资料、网络搜索、观看视频和录像，完成预习报告，见表3-1； 2. 独立或合作完成整个实验流程，并能获得相应的实验数据，独立完成实践报告，见表3-2； 3. 实训结束后进行自评、小组互评和教师评价，见表3-3； 4. 具有一定的自学能力、协调能力和语言表达能力； 5. 具有团队合作精神，以小组的形式完成工作任务； 6. 遵守实验室纪律，不得迟到、早退； 7. 积极参与小组工作任务讨论，严禁抄袭						

二、模拟训练内容

（一）模拟训练目的

① 熟练掌握监测断面、监测点位的设置要求，熟悉监测过程中的注意事项。

② 根据不同的污染状况选取不同的处理方式对河道进行综合整治，并对河道修复效果进行综合评价。

（二）模拟训练原理

1. 城市河道水质监测简介

城市河道水质监测，是监视和测定城市河道中污染物的种类、各类污染物的浓度及变化趋势，评价水质状况的过程。采样时，现场监测的水体理化指标具体包括：水体的温度（T）、DO、pH值、透明度（SD）和电导率（EC）等。在实验室监测分析的理化指标包括：总氮、总磷、TOC、氨氮、硝酸盐氮和高锰酸盐指数（COD_{Mn}）等。

2. 城市河道治理简介

城市河道的水环境状况复杂，既有沟渠化严重、受纳大量生活污水和面源污染的黑臭河道，也有水质状况相对较好但水生生物多样性单一、抗污染能力较差的河道。对于不同污染类型的城市河道，其生态治理的技术诉求也是不尽相同的，因此在具体的生态治理技术与方法上需要因地制宜，对这些河道采用不同的应用模式。而即使对于同一条河道，在生态修复工程的不同阶段，由于其水生态环境状况的变化，修复工作所面临的环境条件也会发生极大的变化，这也要求及时、恰当地改变治理模式，以满足变化条件的需求。城市河道综合治理方案见图3-15。

河道的生态治理应根据河道的污染源类型、水文和驳岸条件，主要考虑以下几种技术应用模式。

① 直立硬质驳岸断头河道：生态疏浚+微生物菌剂+增氧曝气+人工强化生物膜+生态浮岛+沉水植物恢复。

② 坡岸断头河道：生态疏浚+微生物菌剂+生态护岸+增氧曝气+沉水植物恢复。

河道生态功能的恢复是河道生态治理的终极目标，是使河道具有良好自净能力，能够长久保持水环境良好的重要基础，也是河道轻度富营养化治理的关键。城市河道生态功能

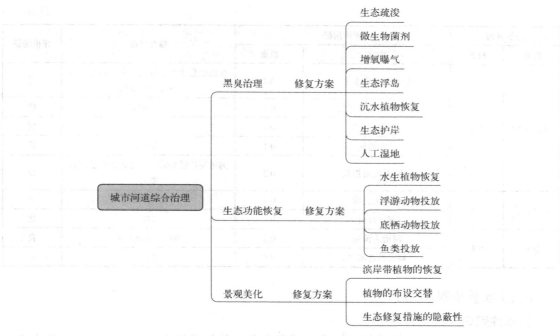

图3-15 城市河道综合治理方案

恢复主要应用的模式为"水生植物恢复+浮游动物投放+底栖动物投放+鱼类投放+生境多样性构建"。

3. 城市河道综合治理评价体系

城市河道综合治理评价是河道管理中重要的环节，通过生态评价能够发现河道生态系统所存在的问题，为河道管理提供方向和指导，而河道生态评价指标体系则是进行生态评价的技术基础。从城市河道长效管养与发展的角度提出了五方面内容：水质评价、景观评价、功能评价、社会评价与社会服务，详见表3-10。

表3-10 河道治理综合评价体系参考标准

评价方向		评价指标		指标情况	评价结论
内容	权重	内容	权重		
水质评价	0.3	水功能区水质达标率	0.4	100%	优
		主要指标年度水质改善指数	0.4	改善4个	优
		入河污染控制指标	0.2	无违章排出口，雨水排出口无晴天无水现象	优
景观评价	0.3	绿化覆盖率	0.3	＞40%	优
		景观舒适度	0.3	协调美观	优
		水文化挖掘指数	0.1	充分挖掘	优
		河道亲水性	0.3	每公里亲水设施大于3处	优
功能评价	0.2	河岸稳定性	0.1	河岸稳定	优
		水体流动性	0.1	0.1～0.3m/s	良
		行洪排涝能力	0.1	无阻卡水口	优

评价方向		评价指标		指标情况	评价结论
内容	权重	内容	权重		
功能评价	0.2	信息化建设水平	0.2	在线信息化建设较为完善,满足日常建设管理要求	良
		河道原样保持指数	0.1	>99%	优
		管理组织机制	0.1	完善	优
		管理措施	0.1	科学合理	优
		可持续发展指数	0.2	河道发挥较好的生态净化和行洪调蓄能力	良
社会评价	0.1	公众美誉度	0.8	>95%	中
		媒体评价	0.2	2次	优
社会服务	0.1	河道人流量	0.5	300~400人次	良
		科普教育水平	0.5	2次	中

(三)实验步骤

1. 软件启动

单击"启动实验"启动软件,加载完成后进入软件加载界面。加载完成后,单击"开始实验"按钮进入正式软件界面,见图3-16。

图3-16 软件加载界面

2. 操作界面

在软件操作界面中,用户可以根据软件左下角的操作提示进行实验,不同的操作步骤对应不同的操作提示,操作提示可以隐藏或者显示,见图3-17。

单击"实验流程"可以了解软件的整体流程结构,也可以了解当前的操作情况,见图3-18。

在"知识库"中,可以学习实验过程中涉及的所有实验知识点,包括布点原则、检测方法、治理方法。用户可以随时查看软件涉及的知识点,见图3-19。

图3-17 软件操作界面

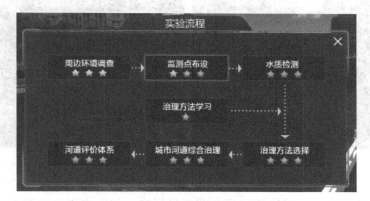

图3-18 操作流程界面

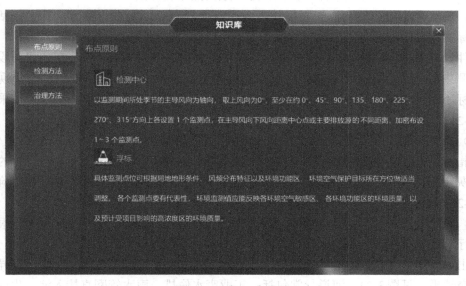

图3-19 知识库界面

3.环境及水质调查

（1）周边环境调查　软件对城市河道进行了分段，用户需要进行分段调查。单击其中一段河道后，可以对当前河段进行周边信息调查。周边信息调查包括了河道信息、气候变化、河道周边、排污情况，见图3-20。

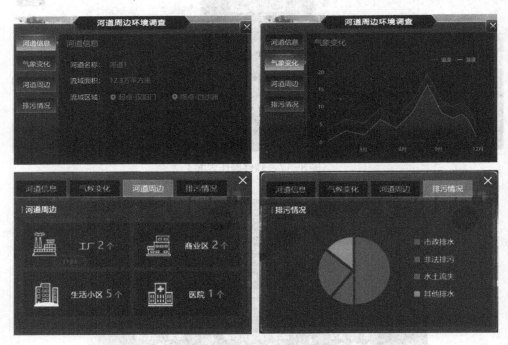

图3-20　河道周边信息调查界面

每段河道调查结束后，对应的河道会有星号标志，代表本段河道调查结束，待所有河道调查结束后，单击"开始采样"按钮，进入监测点布设界面。

（2）监测点布设　监测点布设操作之前，需要对布点原则进行学习，其中包括检测中心和浮标的布点原则学习。学习完成后单击"关闭"，进入监测点布置。

软件设置了6个监测点位供用户进行布设，布设前点位为空白状态，单击"布设"可以进行检测中心和浮标选择。选择正确后，当前布置点位固定。选择错误后，会出现错误提示：浮标不能建在陆地上。6个监测点布设完成后，单击"开始采样"，可以进入采样界面（见图3-21）。

（3）水质检测　水质检测前，先对检测方法进行学习，检测方法包括：水体理化指标、沉积物指标、浮游植物密度、浮游动物密度、底栖动物密度，每学完一项，后面的学习情况会从灰色变成绿色，所有的指标学习完成后，单击"开始检测"可以查看水质检测结果（见图3-22）。

（4）水质异常排查　对于水质异常数据，需要前往场景查看河道异常情况，根据异常情况进行异常排查统计。单击"前往查看异常"可以前往场景查看（图3-23）。

单击"河道1""河道2""河道3"，对三条河道分别进行异常排查，完成所有异常排查方可提交结果，见图3-24。河道异常包括：工业废水偷排、雨水管网直接入河、生活垃圾入

图3-21 采样界面

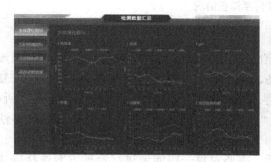

图3-22 水质检测结果界面

图3-23 异常排查界面

河、河道淤积严重。单击"提交"按钮，可以查看异常汇总情况。单击"开始治理"按钮，进入城市河道综合治理。

图3-24 水质异常排查情况

4. 城市河道综合治理

（1）治理方法学习　河道治理前，先对治理方法进行学习，治理方法包括生态疏浚、增氧曝气、生态护岸、微生物菌剂、生态浮岛、沉水植物恢复、鱼类投放、挺水植物恢复、浮游动物投放、底栖动物投放、人工湿地、浮水植物恢复、滨岸带植物恢复。学习完所有治理方法后，方可进行治理方案选择。单击"一键学习"可以一次性学习所有治理方法，单击进入方案选择界面。

（2）治理方案选择　治理方法学习完成后，需要对每一段河道进行治理方案选择确认，每一段河道都要从13种治理方案中选择6种进行确认，见图3-25。

图3-25 治理方案确认界面

单击"上一步"可以回到治理方法学习，选择过程中可以随时对方案进行删除替换，单击"删除"可以删掉对应的治理方法，选择其他的方法进行替换。选择完毕后，单击"下一步"可以开始城市河道综合治理。

（3）城市河道治理　从3条需要治理的河道中（图3-26）选择一个进行治理，选择完成后单击"开始治理"进入治理界面。

图3-26　治理河道选择界面

在治理界面中，每种治理方法都有对应的方法选项，可以选择一项或多项。单击"宽叶类生态浮岛"选项（图3-27）。

图3-27　方案类型选择界面

根据治理方案对河道进行治理（图3-28），单击某一治理方法，根据治理方案单击"确认选择"或者调节相关参数如曝气量之后，界面会出现对应的治理方法选项，每个选项有对应的个数，单击选项，拖拽到河道表面继续单击，可以出现对应的动画或者效果。

图3-28　河道治理过程

同时界面右下角的指标雷达图（图3-29）也会发生相应的变化。

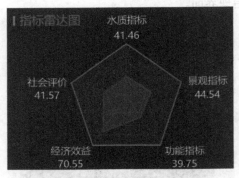

图3-29　指标雷达图

当选择治理方法并单击区域错误或者不在河道表面的时候，会出现相对应的提示。对于特定的治理方法，例如人工湿地治理，只能将治理选项拖到特定的区域（图3-30），否则会出现相应的错误提示。

图3-30　特定区域示例图

单击"查看剖面"，可以对河道剖面进行查看，不同的投入方式对应不同的剖面变化。剖面中会提示单击右上方"返回"按钮，返回河道治理场景继续进行治理。

当前河道治理完成之后单击"完成河道治理"弹出"是否进入下一条河流治理"界面。单击"否"代表结束河道治理过程，进入城市河道评价。单击"是"弹出"河道选择"界面，可以选择其他河道进行治理，同时已经完成治理的河道会打钩。当所有河道完成治理后，单击"完成河道治理"弹出"是否需要对河道治理体系进行评价"弹框。单击"否"代表继续进行河道治理。单击"是"代表结束河道治理过程，进入城市河道评价。

5. 城市河道治理评价体系和评价方法

城市河道综合治理完成后，对治理效果进行治理评价体系、评价方法的学习以及对各个评价指标的达标情况的查看。评价体系包括水质评价、景观评价、功能评价、社会评价。每个评价体系对应不同的治理指标和等级，以及指标所占权重，见图3-31。

图3-31　城市河道评价体系

　　根据三条河道治理的结果，软件自动给出综合评价指数和综合评分。综合评价指数分为A、B、C三个等级。A等级符合美丽河道评价指标要求，B等级基本符合美丽河道评价指标要求，C等级不符合美丽河道评价指标要求。

　　单击"评价参考标准"可以查看所得分数的参考内容。城市河道治理体系评价完成后，单击"进入考核"答题。

6. 考核答题与实验报告

　　（1）考核答题　在此环节中需要进行考核答题，对所学知识进行巩固。系统从30道题目中随机抽取20道进行考核。单击"选项"旁边的蓝色框可以选中答案，完成一题后可以单击"下一题"继续作答。对于未完成的题目，可以单击"上一题"或者对应题号进行作答。不同的答题状态对应不同的颜色。单击"提交"按钮，可以结束答题，进入实验报告。

　　（2）实验报告汇总　实验报告记录了实验过程中涉及的污染物处理情况以及操作得分情况，具体包括：①河道治理前后对比图；②河道治理情况；③各个指标情况；④试题答题情况。

　　除了记录上述实验结果与结论外，还应对实验过程中出现的一些现象进行详细记录和思考。

7. 关闭软件

　　实验结束后，单击"提交报告"，可以关闭软件。实验报告上传成功后，进入感谢页。

（四）实验数据整理

　　完成实验后，可以查看本次实验的实验记录。单击"实验记录"中的"操作详情"查看本次实验报告。

（五）城市河道水质治理与管理虚拟仿真实验报告撰写

姓名：_____　　班级：_____

学号：_____　　日期：_____

实验成绩

1. 实验目的

① 巩固、验证和加深课程理论教学上所学的基本概念、基础理论和基本方法。

② 了解、熟悉和掌握城市河道水质治理与管理。

③ 完成河道周边环境和水质的调研、治理方案的设计、治理技术实施后综合效果评价。

④ 培养对城市河道水质治理与管理的科学意识，学习城市河道水质治理与管理的理论与方法。

2. 实验结果

（1）步骤操作得分

步骤序号	步骤目标要求	步骤满分	操作得分（根据操作自动生成）
1	周边环境调查	6	
2	检测中心和浮标布设选择	6	
3	水质检测分析	10	
4	水质检测结果排查	12	
5	对水质异常情况进行分析和判断原因	12	
6	治理方案选择	9	
7	河道一治理	9	
8	河道二治理	8	
9	河道三治理	8	
10	河道治理评价体系	10	
11	考核答题与实验报告	10	
	合计	100	

（2）河道治理实施方案

河道一实施方案		
序号	治理技术	实施参数（根据操作自动生成）
1		
2		
3		
4		
5		
6		
河道二实施方案		
1	治理技术	实施参数（根据操作自动生成）
2		
3		
4		
5		
6		

河道三实施方案		
	治理技术	实施参数（根据操作自动生成）
1		
2		
3		
4		
5		
6		

（3）河道治理前后对比（截图）

治理前（河道一）	治理后（河道一）
治理前（河道二）	治理后（河道二）
治理前（河道三）	治理后（河道三）

（4）综合指标评价　根据操作自动生成指标雷达图（截图）。

3. 思考题

根据实验过程和实验结果，谈谈怎样从经济效益角度最大限度提高城市河道水质综合治理效率？

4. 教师评语

可根据实验得分设置优、良、中、差四个等级的评语。

三、知识与能力训练

① 城市河道治理的目的是什么？

② 河道疏浚的意义是什么？

③ 生态修复在河道治理中的重要性是什么？

第四章 水污染控制工程应用拓展训练（企业拓展训练）

学习指南

　　企业拓展训练是环境工程专业重要的实践环节，在专业课程体系中有着重要的地位和作用。该环节安排在学生完成教学计划规定的全部课程之后在对口企业进行，其前修课程为本专业课程体系中的全部课程。该环节是学生从学校到工作岗位的初步过渡，也是对学生在校期间所学知识的全面系统的检验和总结。通过这一环节的学习，能够培养学生综合运用所学知识和技能解决实际问题的能力；激发学生继续学习专业知识的热情；提高学生的沟通能力和职业道德素质；学以致用，与企业对接，为毕业后与职业有效衔接打下基础。

　　污水处理厂工艺调试和运行管理是环境工程专业学生应具备的专业技能，也是企业拓展训练实践环节的主要内容。近些年来各种污水处理厂的不断建成和投入运行，需要能熟练掌握污水处理技术和相关污水处理知识的工程师来参与和指导污水处理厂的运行和调试工作。随着一些新的污水处理技术和设备的广泛应用，迫切需要污水处理工程师具备学习和应用新知识的技能，并具有解决水污染处理过程中的复杂工程问题的能力。

　　本章以污水处理厂的调试和运行管理为重点，对污水处理设备调试、运行管理的流程，以及运行和管理中容易遇到的问题和解决方法进行了归纳和总结。

一、学习目标

　　该实践环节是以到环境工程专业相关企业、事业单位以"顶岗实习"的形式，在学校指导教师和实习单位导师的带领和指导下，通过从事污水处理厂、水务公司、水环境领域相关的环境评价、调研、工程设计、现场指导、安装调试、环境监测、方案编制、商务招投标等活动，提前了解实际作业的要求、规范，及时查漏补缺，深入反思课堂所学知识的缺陷，加深对已学知识的理解、综合运用能力，同时通过岗位锻炼，掌握一些基本的技能，不断学习，逐渐适应社会要求，提高实践能力，提前实现个人能力与社会服务要求的平稳过渡。

　　通过本环节的学习，可以达到如下目的：

　　① 巩固和深化所学基本理论、基本知识和基本技能；

② 深入到生产、科研第一线，了解并熟悉实习单位的工艺流程、施工方法、企业运营管理方式等；

③ 培养理论联系实际的能力，提高在生产实际中调查研究、观察问题、提炼问题、分析问题以及解决问题的能力，为后续专业课程的学习打下基础；

④ 可受到专业的综合能力和素质训练；

⑤ 参与社会生产，培养创新能力、团队精神和处事能力。

二、实践内容安排

企业拓展实训实践内容安排见表4-1。

表4-1　企业拓展实训实践内容

序号	实践主要内容	作业要求	实践时间安排
1	① 调查水污染治理工程行业现状； ② 调查环境生态工程行业现状； ③ 了解企业工作流程概要； ④ 熟悉企业工作方法概要； ⑤ 熟悉安全及纪律要求； ⑥ 熟悉总体实习规划	实习周记：写明主要工作流程和实习内容	1～2周
2	① 企业导师见面； ② 熟悉企业的运行和管理、主要业务领域与定位； ③ 实习单位调换	实习周记：写明主要工作流程和实习内容	1～2周
3	① 学习岗位先前完成项目（总体学习）； ② 学习岗位先前完成项目，具体到自己的岗位，如分析监测、设计、调研、现场管理、调试等； ③ 查缺补漏，复习相关理论知识	实习周记：写明主要工作流程和实习内容	1～2周
4	项目现场实习，按类型可分为： ① 监测取样； ② 工程现场管理； ③ 污染调研； ④ 现场安装	实习周记：写明主要工作流程和实习内容	10周
5	① 在现场实习的基础上，结合个人兴趣和特长，确定岗位类型，如设计、管理、现场、环评、监测、业务； ② 开始初步的顶岗实践工作	实习周记：写明主要工作流程和实习内容	2～3周或按照具体安排
6	按从事的岗位类型，进行主要的配合工作，完成企业导师以指令的方式分配的任务	实习周记：写明主要工作流程和实习内容	2～3周或按照具体安排
7	学校实习指导教师到学生实习企业走访，商讨下一步培养、训练工作	实习周记：写明主要工作流程和实习内容	2～3周或按照具体安排
8	参与简单的项目，并负责一个独立的部分	实习周记：写明主要工作流程和实习内容	2～3周
9	结束实习，讨论、整理、总结	实习周记：写明主要工作流程和实习内容	1周
10	总结、评分	实习报告	

三、考核方式

1. 实习单位企业导师综合评价

参加实习各个环节，完成实习周记和总结、汇报等内容后，由实习单位导师结合学生在实习期间的总体表现，就学生的工作态度、工作能力、工作纪律、创新能力、工作成果等项目进行综合鉴定，并给出实习的综合评分。（具体的分数为：90～100为优秀、80～89为良好、70～79为中等、60～69为及格、<60为不及格。）

2. 学校指导教师评价

考核学生实习态度、实习报告和汇报等内容。其中重点考察对污水处理厂工艺原理、系统组成、工艺参数分析与计算、工艺控制、运行调度、日常操作维护、异常问题的分析及排除等知识的具体实践描述和分析。（具体的分数为：90～100为优秀、80～89为良好、70～79为中等、60～69为及格、<60为不及格。）

缺勤1/3以上（含1/3）及严重违反纪律者总评不及格。

四、其他

本章以城市污水处理厂调研、养猪污水处理站调试与运行管理实训来作说明。

第一节 城市污水处理厂调查实训

一、实训任务

实训任务见表4-2。

表4-2 实训任务

实训内容	城市污水处理厂调查实训	学时	2周
任务内容	1. 通过污水处理厂的实地调研来了解目前污水处理厂的主要工艺流程； 2. 通过调研掌握各个构筑物的选型、构造、基本设计参数和运行管理经验； 3. 通过调研熟悉城市污水厂污泥的处理与处置的方法； 4. 通过调研了解工艺流程的平面布置情况		
任务描述	1. 了解城市水资源情况、水厂水源情况、出水水质要求； 2. 了解水厂的规模、工艺流程、平面和竖向布置情况； 3. 了解水厂使用净水药剂（混凝剂、助凝剂）的品种、投加量和投加方式，消毒方法、投加量及投加设备； 4. 熟悉和了解各单项构筑物的类型、构造、工作过程、基本设计参数以及运行管理的内容、方法和经验； 5. 扩大专业知识范围，巩固所学的理论知识； 6. 具有沟通、团队协作、科学探索精神		
实训安排	1. 城镇污水处理厂工艺流程及厂区平面布置布设（2.5d）； 2. 提升泵站及风机系统、格栅间、沉砂池、初沉池、二沉池及自控电器系统的构造和运行（2d）； 3. 污水处理厂好氧生物处理工艺的构成、运行及管理（2d）； 4. 污泥厌氧消化系统及沼气利用系统的运行管理（2d）； 5. 混凝加药装置药剂的配制、投加量及运行管理（2d）； 6. 交流总结（2.5d）		

要求	1. 通过MOOC学习、查找资料、网络搜索、观看视频和录像，加深对已学知识的理解、综合和运用能力； 2. 了解实际作业的要求、规范，掌握一些基本的技能； 3. 独立或合作完成整个调研流程，并能获得相应的调研数据、图片等资料，独立完成实践报告； 4. 实训结束后进行考核评价； 5. 具有一定的自学能力、协调能力和语言表达能力； 6. 遵守实践纪律，不得迟到、早退

二、实训内容

（一）实训目的

① 直观地了解城市污水处理系统的主要流程，并掌握各构筑物的作用、运行与维护。

② 掌握污水处理中各构筑物的构造和运行设计参数，增强对污水处理设备的认识。

③ 学会分析污水处理运行过程中运行参数的变化对处理结果的影响，并培养分析、解决问题的能力。

④ 印证和巩固所学课程的理论知识，培养操作技能，积累实践经验。

⑤ 熟悉污水处理厂的工作内容，端正专业思想，培养良好的职业道德，不断增强综合素质。

（二）实训调查要求

① 在实习过程中必须遵守国家法律法规、学校和教学基地的各项规章制度，积极参加所在实习单位的政治和学术活动，培养良好的职业道德，倡导无私奉献的精神，树立全心全意为人民服务的思想。

② 要认真学习理论知识、牢固掌握专业基本技能。要有主动学习精神和创新意识，力争在有限的时间内获得更多知识，掌握更多的专业技能。

③ 尊重指导教师、虚心学习，培养严肃认真、实事求是、团结协作、勤奋刻苦的优良学风。

④ 指导教师应具有较强的教学意识和责任感，言传身教，为人师表，按照实习大纲的要求，切实做好实习学生的思想工作和业务指导，从严要求，保证实习质量。

（三）实训组织形式

污水处理厂调查组织形式为小组合作形式。3～4人为一小组，每个小组推选一名小组长。每天调查内容由企业指导老师分配给各小组长，由小组长根据小组情况协商进行任务分配。每天调查结束后组织小组成员进行小组总结，并做第二天的调查计划。在污水处理厂调查实习过程中应遵守企业指导老师的安排，按照规定的路线进行调查，注意安全。

（四）实训调查内容

从污染源排出的污水，因含污染物总量或浓度较高，达不到排放标准要求或不符合环境容量要求，从而降低水环境质量和功能目标时，必须经过人工强化处理的场所，即污水处理厂。一般可分为城市集中污水处理厂和各污染源分散污水处理厂，处理后排入水体或城市管道。有时为了回收循环利用废水资源，需要提高处理后出水水质时则需建设污水回用或循环利用污水处理厂。处理工艺流程是由各种常用的或特殊的水处理方法优化组合而成的，包括各种物理法、化学法和生物法，要求技术先进，经济合理，费用最省。设计时必须贯彻当前国家的各项建设方针和政策。因此，从处理深度来说，污水处理厂可能是一级、二级、三级或深度处理。

因此，本次污水处理厂调查实训是在企业指导老师和校内指导老师共同带领下，通过实地调查，掌握污水处理厂设计和运行的主要内容，为后续的毕业设计环节打好基础。污水处理厂设计包括各种不同的处理构筑物、附属建筑物，管道的平面和高程设计，并进行道路、绿化、管道综合、厂区给排水、污泥处置及处理系统管理自动化等设计，以保证污水处理厂达到处理效果稳定、满足设计要求、运行管理方便、技术先进、投资运行费用省等要求。

污水处理厂调查主要内容见表4-3。

表4-3　污水处理厂调查主要内容

调查内容	记录	备注
1. 污水处理厂概况（包括地形地貌、地理位置、规模、水质水量、近远期发展等）		
2. 污水处理工艺流程（绘制工艺流程图，说明各构筑物的功能）		
3. 进出水水质（BOD_5、COD、SS、总氮、总磷等）及水质分析方法、污水日流量、四季水温变化情况		
4. 污水处理厂平面布置、高程布置情况		
5. 进水渠尺寸、泵前格栅尺寸和清洗方式、泵前调节池尺寸和容积		
6. 污水泵房布置，污水流量，泵的型号、台数、布置方式、运行方式，绘制泵房平面图、剖面图		
7. 泵后细格栅尺寸、清洗方式		
8. 沉砂池类型和尺寸、每天沉砂量、去除对象、排砂方式、设计有效水深、污水停留时间、水平流速		
9. 曝气池类型和尺寸、曝气方式，曝气机台数、型号、布置方式、运行方式，曝气池水的流向、水力停留时间、设计流速		
10. 曝气池参数：污泥负荷率、混合液污泥浓度、污泥回流比、污泥容积指数、污泥龄		
11. 沉淀池形式、去除对象、排泥方式、尺寸、有效水深、表面负荷、水力停留时间，污水的流速、流向，污泥区容积、溢流堰最大负荷		
12. 污泥回流比、污泥回流设备布置形式		
13. 剩余污泥量、剩余污泥含水率、剩余污泥处理工艺		
14. 污泥提升设备、均质池尺寸、水力停留时间、水的流向、浓缩脱水设备、絮凝剂种类及加药量、污泥最终处置、剩余污泥所含污水的处置		
15. 污水厂管道布置情况		

调查内容	记录	备注
16. 曝气池是否存在污泥膨胀、污泥解体现象，二沉池是否存在污泥上浮现象		
17. 深度处理措施，处理后水是否回用		
18. 常用控制装置、检测仪表		

三、调查日记

每天完成调查日记，见表4-4。

表4-4　污水处理厂调查日记

实践内容	城市污水处理厂调查实训		学时	1～2周	
实践目的	1. 通过污水处理厂的实地调研来了解目前污水处理厂的主要工艺流程； 2. 通过调研掌握各个构筑物的选型、构造、基本设计参数和运行管理经验； 3. 通过调研熟悉城市污水厂污泥的处理与处置的方法； 4. 通过调研了解工艺流程的平面布置情况				
每日完成内容记录					
实训方式	单独或小组成员合作，动手实践，独立完成调查报告				
预习评价	姓名			学号	
	教师签字			日期	
	教师评语				

四、实训调查报告要求

完成实训调查报告，包含表4-3中调查内容。实习结束后须递交4000字以上的实习报告一份，统一封面，A4纸打印。实习报告要求图文并茂，应详细描述污水处理工艺和设备，包括工艺原理、构筑物结构、处理效果、设备型号等，以及实训心得体会。根据实习报告的撰写质量打分，成绩及格者视为本门课程合格，若不合格须跟下一届同学重新实训。

五、实训评分

污水处理厂调查实训过程评价表见表4-5，总评价表见表4-6。分别从专业能力、方法能力和素质能力进行考核。主要由学生自评、小组互评（或组长评价）、教师评价几个方面组成。

表4-5　调查实训过程评价

实训内容	城市污水处理厂调查实训		学时	1～2周	
姓名		学号	企业导师	职务/职称	
同组成员				组长（签字）	
评价类别	项目	占比	学生自评（20%）	小组互评（或组长评价）（20%）	企业教师评价（60%）

专业能力 （50%）	实训计划和实践过程评价	20%		
	实践总结能力	30%		
方法能力 （20%）	计划能力	10%		
	决策能力	10%		
素质能力 （30%）	团队协助	10%		
	主动性	10%		
	出勤 [缺勤 1/3 以上（含1/3）及严重违反纪律者取消实训资格]	10%		

实习单位评定成绩（总分100分）：_____	（加盖实习单位公章）	
		年　　月　　日

实习单位意见

　　请从实习生的工作态度、工作能力、勤奋程度及工作绩效等方面作出文字评价，并为实习生打分。（本表如有涂改须加盖校对章）

实习单位指导老师签名：_____

年　　月　　日

校内教师评价	评语： 　　　　　　　　　　　　签名： 　　　　　　　　　　　　日期：

表4-6　城市污水处理厂调研总评价

姓名		学号		
实践内容			实习周数	19周
评价类别	项目	占比	教师评价	备注
专业能力（50%）	实践周记和实践报告	40%		分别从格式、内容、逻辑性等方面进行考核
	汇报答辩	10%		
素质能力（50%，企业导师和校内指导教师共同完成）	实践能力 （根据实习工作能力、勤奋程度、工作绩效来进行评价，具体见表4-5）	50%		缺勤1/3以上（含1/3）及严重违反纪律者总评不及格
总评				

教师评语：
   <div align="center">指导教师签名： 日期：</div>

第二节　养猪污水处理站系统调试与运行管理实训

一、实训任务

实训任务和要求见表4-7。

表4-7　实训任务书

实训内容	养猪污水处理站系统调试与运行管理实训	学时	19周
任务内容	1. 掌握养猪污水处理站主要工艺流程、机械设备及自动控制仪表等； 2. 掌握污水处理工艺流程原理、系统组成、工艺参数分析与计算、工艺控制、运行调度、日常操作维护、异常问题的分析及排除等内容； 3. 熟悉养猪污水调试的流程，具备初步的养猪污水处理站运行与管理的实践能力，能进行日常操作和维护管理，具备异常问题分析和解决能力，并了解污水处理厂工艺与管理的新发展； 4. 为下一步的就业、继续学习做好准备		
任务描述	1. 掌握养猪污水处理站工艺、机械设备、污水处理工程调试运行，掌握污水处理厂的工艺运行和管理，保障系统、化验室、生产及设备、污水处理指标的运行和管理，掌握污水处理成本核算及财务管理、污水处理厂的管理职责和行政管理等； 2. 具备污水处理厂运行管理的基本技能，如日常操作维护、异常问题的分析及排除； 3. 通过实践应用，巩固校内课堂所学知识，加深对水污染控制工程理论的理解，能够用相关理论指导工业污水处理的实践，做到理论与实践相统一，培养运用所学理论知识分析、解决生产实际问题的能力，提高实际动手能力； 4. 全面了解污水处理厂的生产、运行情况及管理情况，培养正确的价值观、良好的专业品质和职业道德及合作精神； 5. 进一步加强专业技能的训练，提高实际工作能力，培养应用工程师的能力，为实现毕业与就业的"零距离"过渡奠定良好的基础		
实训安排 （具体内容和时间安排按照实际情况进行调整）	1. 熟悉养猪污水的性质与特征、污水处理方法； 2. 熟悉养猪污水污水处理调试的方法和流程； 3. 掌握工艺设备的试车、联通等操作； 4. 掌握污水处理站厌氧消化系统及沼气利用系统的运行管理； 5. 掌握好氧生物处理工艺的运行及管理； 6. 掌握物化法小试加加药调试； 7. 掌握生化反应装置的构成、运行参数的控制及调试、运行故障的排除； 8. 熟悉自动化控制与配电系统； 9. 熟悉污泥处理系统； 10. 交流总结		
要求	1. 通过MOOC学习、查找文献资料、网络搜索、观看视频和录像，加深对已学知识的理解、综合和运用能力； 2. 通过实践训练，培养动手能力，在完成任务过程中实现知识、技能一体化，掌握污水处理工艺研究、选择的基本规律，熟悉主要的水处理工艺特点，掌握主要处理工艺操作条件及操作方法，能熟练并及时解决处理工艺中出现的问题，并使其处在最优化状态下运行； 3. 在企业导师和校内导师的指导下，完成实训周记（见表4-8）、实训报告（按照指导教师要求撰写）； 4. 实训结束后企业导师进行企业实习评价，评价细则见表4-9。校内导师根据企业评价和实习报告等环节进行综合评价，细则见表4-10； 5. 具有一定的自学能力、协调能力和语言表达能力； 6. 遵守实践纪律，不得迟到、早退，缺席超过1/3者为不合格，须与下一届同学进行重新实训		

表4-8 企业拓展训练实训周记

实习内容		实习单位	
学生姓名		专业、班级、学号	
企业指导老师姓名		职称	
实习时间	年　月　日～　年　月　日		
实习周记	（请写明本周实习主要情况或存在的问题） 签字： 日期：　年　月　日		
企业指导老师意见	签字（盖章）： 日期：　年　月　日		
校内指导教师意见	签字（盖章）： 日期：　年　月　日		

表4-9 企业指导老师评价表

学校		姓名		学号	
实习单位		实习岗位		实习时间	
实习单位对实习学生评价细则					
工作能力（30分）		勤奋程度（40分）		工作绩效（30分）	
业务能力（15分）	社会能力（15分）	出勤率（20分）	主动性（20分）	业务量（15分）	工作效果（15分）

实习单位评定成绩（总分100分）：_____（加盖实习单位公章）

　　　　　　　　　　　　　　　　　　　　　　　　　　　　年　月　日

实习单位意见

　　请从实习生的工作态度、工作能力、勤奋程度及工作绩效等方面作出文字评价，并为实习生打分。（本表如有涂改须加盖校对章）

　　实习单位指导老师签名：_____

　　　　　　　　　　　　　　　　　　　　　　　　　　　　年　月　日

表4-10 实训总评分表

姓名			学号		
实训内容				实习周数	19周
评价类别	项目		占比	教师评价	备注
专业能力（50%）	实训周记和实训报告		40%		分别从格式、内容、逻辑性等方面进行考核
	汇报答辩		10%		
素质能力（50%，企业导师和校内指导教师共同完成）	实践能力（根据实习工作能力、勤奋程度、工作绩效来进行评价，具体见上表）		50%		缺勤1/3以上（含1/3）及严重违反纪律者总评不及格
	总评				
教师评语：					
		指导教师签名： 日期：			

二、实训组织形式

校内导师和企业导师共同指导学生进入企业一线实习。

三、实训内容

（一）了解养猪污水处理站概况

1. 工程概况

该污水站为某猪场配套建设设施。本项目猪舍采用水泡粪清粪工艺，全漏粪地板，污水主要为存栏生猪的少量猪粪、猪尿、猪舍冲洗污水及部分生活污水，污水处理量为400m³/d。

养殖业污水属于富含大量病原体的高浓度有机污水，若直接排放进入水体或存放地点，可能会造成地表水或地下水水质的严重恶化。由于畜禽粪尿的淋溶性很强，粪尿中的氮、磷及水溶性有机物等淋溶量很大，如不妥善处理，就会通过地表径流和渗滤进入地下水层污染地下水。养殖生产过程产生的污水必须全部经过污水站进行处理后再进行灌溉。

该污水站污水处理工艺为：机械格栅+固液分离机+初沉池+调节池+UASB厌氧罐+两级A/O池+芬顿深度处理+氧化塘。

2. 设计处理水量

污水站设计处理水量为400m³/d，污水处理装置能满足在50%～110%负荷下正常运行，保证系统操作稳定、安全可靠、节能、连续且长周期运转。

3. 设计进出水水质

（1）设计进水水质 污水站设计进水水质见表4-11。

表 4-11　设计进水水质

水质指标	COD$_{Cr}$/(mg/L)	BOD$_5$/(mg/L)	SS/(mg/L)	氨氮/(mg/L)	总磷/(mg/L)	pH
浓度	≤20000	≤9000	≤2000	≤1500	≤200	6～9

（2）设计出水水质指标　废水经处理后，按照《农田灌溉水质标准》（GB 5084—2021）中旱地作物标准和《畜禽养殖业污染物排放标准》（GB 18596—2001）相关要求，出水水质应达到执行标准，具体见表4-12。

表 4-12　设计排放标准

排放标准	COD$_{Cr}$/(mg/L)	BOD$_5$/(mg/L)	NH$_3$-N/(mg/L)	TP/(mg/L)	SS/(mg/L)	pH
《农田灌溉水质标准》（GB 5084—2021）旱作标准	≤200	≤100	—	—	≤100	5.5～8.5
《畜禽养殖业污染物排放标准》（GB 18596—2001）	≤400	≤150	≤80	≤8	≤200	
执行标准	＜200	＜100	＜80	＜8	＜100	6～9

（二）了解工艺流程

1. 工艺流程图

养猪场污水处理工艺流程图见图4-1。

2. 工艺简介

（1）预处理系统　猪场内产生的粪污通过机械格栅、固液分离等，去除水中大部分颗粒污染物，减少后续设备堵塞问题，以利于设备稳定运行。

（2）厌氧处理系统　通过自然沉降、厌氧发酵等作用，去除废水中大部分SS及有机物，降低水中有机物浓度，同时提升废水BOD/COD值，以利于后续生化处理。

（3）两级A/O生化处理系统　通过缺氧、好氧等生物作用，去除废水中大部分不易降解有机物，同时去除废水中90%以上的氨氮。

（4）物化处理系统　通过芬顿药剂的高级催化氧化作用，进一步去除废水中难降解的有机污染物，降低出水COD、总磷，同时可以脱除废水中的色度，保障出水稳定达标。

（三）熟悉污水站主要功能单元

1. 厌氧UASB反应器

UASB反应器是一种结构简单、处理效率很高的厌氧反应器，是集有机物去除以及泥、水、气三相分离于一体的集成化废水处理工艺。UASB反应器包括进水及配水系统、反应器的池体和三相分离器。UASB反应器可分为三个区域，即反应区和沉淀区以及气、液、固三相分离区。在反应区下部，是由沉淀性能良好的污泥（颗粒污泥或絮状污泥）形成的厌氧污泥床。污水由UASB反应器底部向上通过包含颗粒污泥或絮状污泥的污泥床，在废水和污泥颗粒接触的过程中发生厌氧反应，产生的沼气（主要是CH$_4$和CO$_2$）引起了内部的循环，这有利于颗粒污泥的形成和维持。在污泥层中，部分气体附着于污泥颗粒上。这些附着有气体的污泥颗粒与未附着气体的污泥颗粒一同上升至反应器顶部，当它们接近表面时，会与三相反应器气体发射器的底部发生撞击，导致附着在污泥絮体上的气泡被释放，从而实现脱气。

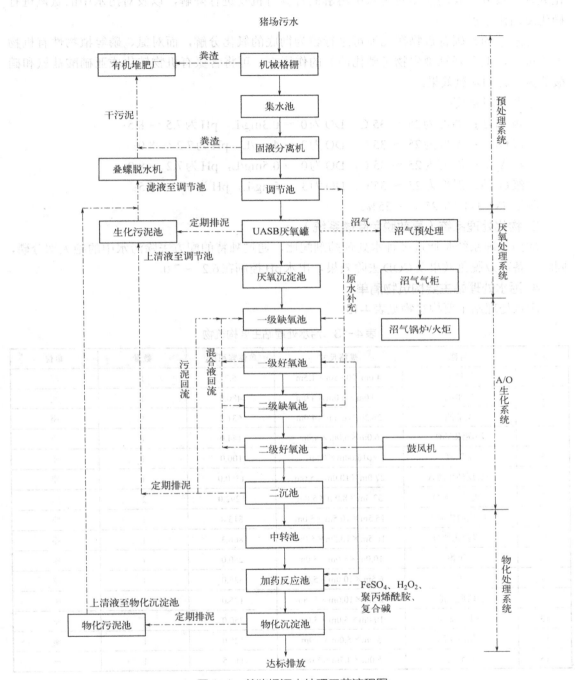

图4-1 养猪场污水处理工艺流程图

2. 两级 A/O 生化处理系统

A/O 系统是硝化-反硝化工艺的简称，是利用自养型好氧微生物与兼氧型微生物进行生化处理的设施。其功能是对污水中溶解的含碳有机物进行降解，以及对污水中的氨氮进行硝化反硝化过程。

污水中的含碳有机物在此池可进行较为彻底的氧化分解，而对氮、磷等植物性有机物去除很少，但在好氧微生物（硝化菌）的作用下，可将含氮有机物转化成亚硝酸盐氮和硝酸盐氮，达到除氮效果。

主要控制参数：

一级 A_1 池：温度为 25 ～ 35℃，DO 为 0 ～ 0.3mg/L，pH 为 7.5 ～ 8.5；

一级 O_1 池：温度为 25 ～ 35℃，DO 为 2 ～ 4mg/L，pH 为 7.2 ～ 8.0；

二级 A_2 池：温度为 25 ～ 35℃，DO 为 0 ～ 0.5mg/L，pH 为 7.2 ～ 8.0；

二级 O_2 池：温度为 25 ～ 35℃，DO 为 3 ～ 5mg/L，pH 为 6.8 ～ 7.5；

各池 SV_{30} 控制在 25% ～ 35%。

3. 物化处理系统（高效脱色除磷系统）

加药处理系统是通过多种水处理药剂配比，通过独特的配方去除污水中的绝大部分磷，同时具备高效脱色效果及 COD 去除效果。出水 pH 控制在 6.2 ～ 7.0。

4. 污水处理站主要构筑物清单

污水处理站主要构筑物见表4-13。

表4-13　污水处理站主要构筑物

序号	名称	规格尺寸	单体容积/m³	数量	单位
1	格栅渠	4.0m×0.95m×1.5m	5.7	1	座
2	集水池	20.0m×6.0m×4.0m	480.0	1	座
3	调节池	26.3m×6.0m×4.0m	631.2	1	座
4	污泥浓缩池	6.0m×6.0m×4.0m	144.0	1	座
5	厌氧罐	ϕ16.04m×0.5m	100.0	1	座
6	一级反硝化池 A_1	27.0m×10.0m×5.0m	1350.0	1	座
7	一级硝化池 O_1	32.3m×8.0m×5.0m	1292.0	2	座
8	二级反硝化池 A_2	15.5m×10.5m×5.0m	813.8	1	座
9	二级硝化池 O_2	16.5m×10.5m×5.0m	866.3	1	座
10	二沉池	10.0m×5.0m×5.0m	250.0	1	座
11	中转池	6.5m×10.0m×5.0m	325.0	1	座
12	加药反应池	2.5m×10.0m×5.0m	125.0	1	座
13	物化沉淀池	10.0m×5.0m×5.0m	250.0	1	座
14	物化污泥池	5.0m×5.0m×5.0m	125.0	1	座
15	清水池	5.0m×4.7m×5.0m	117.5	1	座

（四）调试前期准备工作

1. 调试所需具备条件

① 构筑物主体完成调试，楼梯、栏杆及照明系统完备。

② 熟悉工艺流程及图纸，根据图纸检查现场设备（位置、阀门、吸程、扬程、功率是否与实际需求一致）、设施（位置、规格、是否漏水等）、管路（位置、走向、布局是否合理），否则及时整改（指导安装队施工）。

③ 道路畅通，池内杂物必须清扫干净。

④ 能源介质能正常使用，管道皆已连通（包括自来水、电、蒸汽）。

⑤ 阀门、设备、管道、取样点的标志就位，取样器具完备。

⑥ 保温以及加热、建筑遮挡设施齐全，试车完成。

⑦ 进水水质条件满足设计要求。

2. 构筑物试水

（1）调节池、集水池、A/O池试水　每个池子逐个试水（采用清水或者低浓度有机废水），最高水位控制在4m左右，静置一晚观察池体有无明显漏水，或者水位是否下降。若北方冬季气温低，试水完成后将池内清水排出1/2，并在12h内开始进水调试。若试水后还不具备调试条件（猪舍未能排放废水），需要将池内废水清空，同时还需要将设备及管道内积水全部放空。

（2）UASB试水　罐体分3次装满污水，静置24h，观察罐体底部和四周是否漏水。若试水后不进行调试，需要将罐内废水全部清空，同时还需要将循环泵、提升泵及管道内积水全部放空。

（3）加药桶、储药桶试水　将加药桶加满自来水，检查开口处是否漏水。试水后需将加药桶内清水全部清空，同时拆卸计量泵进出口单向阀，将加药管及计量泵内清水全部放空，防止低温管内积水结冰胀裂管道设备。

3. 单机、联动试车

① 所有设备均单机通电试机，检查是否通电，是否正反转。

② 检查液位自控系统是否正常运行。

③ 检查各曝气盘是否正常均匀曝气。

④ 各水泵依次开机，检查管道是否漏水，法兰连接处是否拧紧。

⑤ 检查加药管道是否与加药反应池对应。

⑥ 检查其他管道走向是否与工艺路线相符。

⑦ 消泡系统试运行，检查效果。

⑧ 电源接通后开机，检查水量是否与额定流量大致匹配，若水量明显小于额定流量，则检查水泵是否堵塞或者反转。

⑨ 自吸泵：首次开机注满引水，然后开机检查水量是否与额定流量大致匹配，若水量明显小于额定流量，则检查水泵是否反转。若首次开机水泵正常，则停机1h后再次启动是否正常运行。

⑩ 罗茨风机及曝气盘：检查机油是否添加，机油液位通过观察井判断。风机启动，观察曝气盘出气是否均匀，有无脱落及不曝气情况。

⑪ 加药泵：检查机油是否添加，机油液位通过观察井判断。开启加药泵检查相对应的管道是否相符。

⑫ 固液分离机：通过人为调节液位计，检查固液分离是否和提升泵联动，提升泵和液位是否联动，自来水自动洗网是否正常。

⑬ 流量计：检查流量计是否反向。

单机试车完成后进行联动运行，确认无误后申请业主执行设备安装验收（各设备的合格证收集齐全）。

注意：冬季试车完成后若未继续运行设备，需要放空设备及管道内积水，防止积水结冰胀裂设备及管道。

（五）生化系统调试

1. UASB反应器调试运行

（1）UASB反应器运行的三个重要前提

① 反应器内形成沉淀性能良好的颗粒污泥或絮状污泥。

② 由产气和进水的均匀分布所形成的良好的自然搅拌作用。

③ 合理的三相分离器使沉淀性能良好的污泥能保留在反应区内。

（2）UASB反应器启动准备工作

① 检查并清理反应器内杂物，确保反应器内无杂物。

② 进行水泵、仪表装置的单机试运行，确保每台设备能够正常运行，同时要求对反应器阀门、管道及连接口进行全面的检查，熟悉各设备的电气控制和工艺运行参数。

③ 熟悉处理工艺以及设备的操作过程和注意事项。

④ 确保反应器进出水及循环管道畅通。

⑤ 反应器进废水前必须经过清水试漏才能进行启动调试。

反应器试漏必须白天进行，发现有渗漏必须马上停止注水，等渗漏点处理后再继续灌注清水。灌注清水分三次进行，第一次灌水到1/3液位处，第二次灌水到2/3液位处，第三次才能将反应器灌满，观察24h查看有无渗漏、液位有无下降，反应器有无形变。

（3）UASB启动初始阶段（污泥接种阶段）

① 选用接种污泥：选用污水处理厂污泥消化池的消化污泥接种（具有一定的产甲烷活性）。

② 接种污泥的方法：将含水80%的接种污泥投入调节池，加水搅拌均匀后，通过进水泵抽到UASB反应池。

③ 接种污泥量：接种污泥量为UASB反应器有效容积的20%～30%，最少为15%，一般为30%。接种污泥的填充量不超过UASB反应器有效容积的50%。

④ 接种污泥的浓度：初启动时，污泥的接种量建议以5kgMLSS/m^3为宜，不宜接种太多，太多对颗粒污泥不但没有好处，反而不利。种泥即污泥种的意思，种泥太多是没有必要的，颗粒污泥并非种泥本身形成的，而是以种泥为种子，在提供充足的营养基质下由新繁殖的微生物形成，种泥过多反而会与初生的颗粒污泥争夺养分，不利于颗粒污泥的形成。

⑤ 接种污泥时的水质：配制低浓度的废水有利于颗粒污泥的形成，但浓度也应当足够维持良好的细菌生长条件，因此，初始配水最低COD_{Cr}浓度为2000mg/L，然后逐步提高有机负荷直到可降解的COD_{Cr}去除率达到80%为止。当进水COD_{Cr}浓度高时，可采用稀释水进水，调节到适宜的COD_{Cr}浓度值。

（4）UASB启动第二阶段（污泥扩培驯化阶段）该阶段反应器负荷低于2kgCOD$_{Cr}$/($m^3 \cdot$d)的运行阶段，此阶段反应器的负荷由0.1kgCOD$_{Cr}$/($m^3 \cdot$d)开始，逐步分多次提升到

2kgCOD/(m³·d)。周期预计需要30d。

开始时采用间歇进水，污泥负荷宜控制在0.05～0.2kgCOD$_{Cr}$/(kgVSS·d)，当接种污泥逐渐适应废水后，污泥逐渐具有去除有机物的能力，当COD$_{Cr}$去除率达到80%或出水有机酸浓度低于200～300mg/L，可以提升进水负荷大约为0.5kgCOD$_{Cr}$/(m³·d)，此时进水由间歇进水改为连续进水。

当可生物降解的COD$_{Cr}$去除率达到80%后方可提高，直到达2kgCOD/(m³·d)为初始阶段。在此阶段，有少量的非常细小的分散污泥被带出，其主要原因是水的上流速度和逐渐产生的少量沼气。

初始运行阶段每日测定进出水流量、pH、COD$_{Cr}$、SS等项目，根据测定结果判断，若出水COD$_{Cr}$在20%以下，表示UASB系统运行正常。

（5）UASB启动第三阶段（驯化颗粒污泥形成阶段）　结束初期启动后，污泥已适应废水性质并具有一定去除有机物的能力，这时应及时提升污泥负荷为0.25kgCOD$_{Cr}$/(kgVSS·d)或进水容积负荷2.0kgCOD$_{Cr}$/(m³·d)，使微生物获得足够的营养。反应器的有机负荷由2kgCOD/(m³·d)到3.0kgCOD/(m³·d)的运行阶段。

此阶段的反应负荷由2kgCOD/(m³·d)开始，每次提升0.1kgCOD/(m³·d)有机负荷，可以每次增加负荷20%，每次操作所需时间长短不同，有时可长达两周，有时仅几天，经过多次重复操作可达到设计指标。提升有机负荷的标准与监测项目判断运行正常的方法同初始运行阶段。

在此阶段，由于提升水量大，COD浓度高，产气量和上流速度的增加引起污泥膨胀，污泥量带出量多，大多为细小非分散的污泥或部分絮状污泥。这种污泥的带出，有利于颗粒化污泥的形成。该阶段预估周期25d。

（6）UASB启动第四阶段（负荷提升稳定运行阶段）　本阶段的任务是要实现反应器内污泥全部颗粒化或使反应器达到设计负荷，为了加速污泥的增长，应尽快把污泥负荷提高至0.4～0.5kgCOD$_{Cr}$/(kgVSS·d)，使微生物获得充足养料，促进其快速增长。

这一阶段是指反应器的有机负荷达到设计指标3.0kgCOD/(m³·d)以后的稳定运行阶段。在此阶段，pH值、温度、有机负荷、VFA（厌氧处理系统内的挥发性有机酸的含量）、ALK（厌氧处理系统内的碱度）等各项操作参数严格控制，逐步形成颗粒污泥。

注意：

① 自初始阶段开始，每日检测进出水pH值、COD、SS、VFA、ALK、流量等项目。

② 根据监测结果进行分析、判断，及时调整进水量、浓度，保持稳定运行。

（7）UASB反应器调试运行控制工艺参数

① 温度。指反应器内反应液的温度，一般为20～38℃。厌氧废水处理分为低温、中温和高温三类。大多数厌氧废水处理系统在中温范围运行，在此范围温度每升高10℃，厌氧反应速度约增加一倍。反应器最佳处理温度为30～38℃，在此范围内，温度的微小波动（如1～3℃）对厌氧工艺不会有明显影响，但如果温度下降幅度过大（超过5℃），污泥活力降低，反应器的负荷也应当降低，以防止由于过高负荷引起反应器酸积累等问题，出现酸化现象，沼气产量会明显下降，甚至停止产生，与此同时挥发酸积累，出水pH下降，COD值升高。

② COD。正常情况下进水总流量调节并保持在设计运行流量以内，进水COD$_{Cr}$应小于

15000mg/L。

③ pH值。pH值范围是指UASB反应器内反应区的pH，而不是进水的pH，通常为6.8～7.8。废水进入反应器内，生物化学过程和稀释作用可以迅速改变进水的pH值。对pH值影响最大的因素是酸的形成，特别是乙酸的形成。含有大量溶解性碳水化合物（如糖、淀粉等）的废水进入反应器后pH将迅速降低。而乙酸化的废水进入反应器后pH将上升。对于含大量蛋白质或氨基酸的废水，由于氨的形成，pH会略有上升。对不同的废水可选择不同的进水pH值。

④ 出水VFA的浓度与组成。VFA的去除程度可以直接反映出反应器的运行状况，在正常情况下，底物由酸化菌转化为VFA，VFA可被甲烷菌转化为甲烷，因此甲烷菌活跃时，出水VFA浓度较低，当出水VFA浓度低于3mmol/L（或200mg/L乙酸）时，反应器运行状态最为良好。

⑤ 营养物与微量元素。指主要营养物N、P、K和S等以及其他的生长必需的微量元素。如Fe、Ni、Co应当满足微生物生长的需要。一般N和P的要求大约为COD:N:P=（350～500）:5:1，但由于发酵产酸菌的生长速率大大高于甲烷菌，因此较为精确的估算应为COD:N:P:S=（50/Y）:5:1:1，其中Y为细胞产率，发酵产酸菌Y=0.15，产甲烷菌Y=0.03。此外，甲烷菌细胞组成中有较高浓度的Fe、Ni和Co。

⑥ 有毒物质。毒性化合物应当低于抑制浓度或应给予污泥足够的驯化时间。如氨氮、无机硫化物、盐类、重金属、非极性有机化合物（挥发性脂肪酸）等，在运行中都要根据检测结果进行判断，及时调整处理。

（8）UASB初次启动过程的注意事项

① 初期启动UASB目标要明确。在UASB（第一阶段）启动初期，不要追求反应器的处理效率和出水质量。初期的目标是使反应器逐渐进入"工作"状态，是使菌种由休眠状态恢复、活化的过程。在这一过程中，当菌种从休眠状态中恢复到营养细胞的状态后，它们还要经历对废水性质的适应。在整个驯化增殖过程中，原种污泥中可能浓度较低，甲烷菌增长速度相对于产酸菌要慢得多。因此在颗粒污泥出现前的这一段时间相当长。这一阶段不可能快，也不能有较大的负荷。

② 进水COD_{Cr}浓度控制。当废水COD_{Cr}浓度低于2000mg/L时，一般不需要稀释，可直接进水。当废水COD_{Cr}浓度高于2000mg/L时，可采用进水稀释，增大进水量，使处理设施水流分布均匀。

③ 负荷增加的操作方法。启动最初负荷可从0.1～2.0kgCOD/(m³·d)开始，当降解的COD_{Cr}去除率达到80%后，再逐步增大负荷。负荷不应增加太快，只要略高于容积负荷0.1kgCOD/(m³·d)即可。水力停留时间大于24h。连续运行直到有气体产生。5d后检查产气是否略高于0.1m³/(m³·d)。如果5d后反应器产气量仍未达到这一数值，可以停止进水，3d后再恢复进水，直到产气量达到0.1m³/(m³·d)。

定期检测出水中的VFA浓度，若VFA过高，说明反应器当前的负荷相对于菌种活力偏高。当出水VFA浓度超过8mmol/L时，应立即暂停进水，并持续监测反应器内VFA浓度。一旦VFA浓度降至3mmol/L以下，可恢复以原浓度和负荷进水。若出水VFA浓度维持在3mmol/L以下，表明反应器运行状态良好。

增加负荷量可以通过增大进水量或者降低进水稀释比的方法，负荷每次可提升

20%～30%，可以重复进行。每次操作所需时间长短不同，有时长达两周，有时仅需几天，要根据监测数据判断，直到达到设计负荷为止。

④ 水力停留时间。水力停留时间对厌氧工艺的影响是通过上升流速来表现的。高的液体流速增加污水系统内进水区的扰动，从而增加了生物污泥与进水有机物之间的接触，有利于提高去除率。在采用传统的UASB系统的情况下，上升流速的平均值一般不超过0.5m/h。这是保证颗粒污泥形成的重要条件之一。

运行中应始终保持VFA/ALK在0.3以下，否则挥发性脂肪酸积累，运行失败。

⑤ 悬浮物。悬浮物在反应器污泥中的积累对UASB系统是不利的。悬浮物使污泥中细菌比例相对减少，因此污泥的活性降低。由于在一定的反应器内能保持一定量的污泥，悬浮物的积累最终使反应器产甲烷能力和负荷下降。调节池内的浮渣及进入污水处理厂的污水中的悬浮物在日常工作当中需采取必要的措施和手段将其除去。

2. 两级A/O系统调试运行

（1）污泥接种

① 接种菌种来源：a. 投入新鲜猪粪或者由集水池直接抽至A/O池；b. 由沼渣池抽厌氧污泥至A/O池；c. 来自黑膜沼气池底泥，厌氧循环泵将底泥搅动，厌氧提升泵将泥抽至A/O池；d. 其他污水站压滤后的生化污泥作为菌种来源，稀释后抽入好氧池。

② 接种的数量：根据接种的浓度，用100mL量筒取混合液，沉淀0.5h后，底部能看见有明显的沉淀物或者絮体。

③ 接种的质量：接种时要打入含泥量较高的泥水混合液，否则看见底物时，A/O池里的COD含量已过高。

（2）菌种激活　接种后进行闷曝，一般闷曝3d左右，根据现场池体的COD浓度来决定闷曝时间，闷曝至上清液由黑色转为黄色。如果一直闷曝，水质仍为黑色带臭味，则判断DO不足，可以考虑开启两台风机或者调高变频。DO需要达到3mg/L。

（3）污泥扩培　当有菌种激活，开始有底物存在时，可以适当进水，一般初始进水量不超过设计处理量的30%，然后每3d提升一次进水流量，根据现场进水的浓度来判断进水量。进A/O池的C/N要大于5（最优控制在10∶1），通过超越管来实现。好氧池DO必须大于2.0mg/L，当低于2.0mg/L，则通过进水量来控制。生长期间，进水量由DO决定；没有DO仪的现场，通过观察污泥性状判断。若上清液较浑浊，污泥较松散，污泥之间有较大间隙，则DO不足。

注意：在扩培期提升进水流量每次不能超过设计流量的10%，流量提升后稳定3～5d。

（4）污泥驯化　此期间进水量一般达到设计水量的60%左右，需要适当排泥使污泥进行更新换代，SV_{30}达到30%。若进水量或者浓度超过设计范围，则适当提高污泥浓度，前提条件是DO需要达到2.0mg/L以上，pH控制在7.5以上。实时监测各单元的DO和pH值，此期间泡沫由原先细小易堆积转变为大且易碎，泡沫中间带点土黄色，气味则有泥腥味。

（5）负荷提升及稳定运行期　当生化池出水COD降到500mg/L以下，氨氮下降到80mg/L以下时，开始缓慢提升进水负荷，每次提升设计流量的5%，时间间隔2d。负荷提升期间严密监控生化池各阶段DO、pH、COD及氨氮变化情况，出现异常情况及时反馈调整（调整进水流量、片碱投加量、曝气量）。

（六）物化加药系统调试

1. 加药小试

稳定期后半段进行芬顿小试，一般$FeSO_4$和H_2O_2的量比值为$1/2 \sim 1/3$。

现场采用500mL烧杯进行水样小试，加药量采用移液管精准投加。$FeSO_4$配制浓度为10g/L，H_2O_2浓度为5mg/L。$FeSO_4$投加量为$5 \sim 15$mL，H_2O_2为$3 \sim 10$mL，依次做正交实验。（加入$FeSO_4$后连续搅拌2min，然后再加入H_2O_2连续搅拌15min，最后加入PAM连续搅拌2min。）

若出现污泥上浮，则考虑是PAM或者H_2O_2投加量过大造成。一般双氧水投加量过大，污泥上方有很多气泡。若上清液比较浑浊，首先考虑$FeSO_4$不够，可以增加$FeSO_4$量；其次检测pH值，若pH低于5，则可以通过加入片碱提高pH值，观察上清液色度是否有变化。

2. 物化加药控制

将小试加药量换算成系统每小时的加药量。尽量控制系统能24h进出水，否则间歇性进水加药无法控制；小试加药量不要取信于计量泵，通过用秒表和烧杯或者量筒，到加药口测量。终沉池排泥泵采用时间继电器控制启停时间，第一次要连续加药2d左右，这期间每天需要对加药后的水质进行监测，并做好拍照和记录。

（七）污水站日常运营操作事项

1. 日常工作

（1）巡检 每天上班后先从进水端开始到出水口巡检一遍，查看各设备设施有无异常、是否正常运行，各运行设备的运行状况，各处水池、塘体的水位，电磁流量计状况，加药反应池状况。上班期间每2h巡检一次查看加药是否正常。

（2）排泥 初沉池每天排泥30min（一级好氧池SV_{30}大于30%排泥，手动切换排泥阀门）；二沉池每天排泥20min（二级好氧池SV_{30}大于25%排泥，手动切换排泥阀门）；物化沉淀池设自动，每1h排泥5min（加药时才需要排泥）；UASB厌氧反应器每5d排泥30min，厌氧沉淀池每天排泥10min。

（3）数据记录 电表读数（含发电量），各种药剂使用量，各设备运行时间，生化池pH、DO、SV_{30}。

（4）水质

① 生化系统微生物活性检查：一级缺氧池、一级好氧池、二级缺氧池、二级好氧池取样，每种水样分别用量筒取100mL，30min后观察上清液及污泥状态、颜色、SV_{30}，按具体情况及时应对。

② 芬顿反应系统水质检查：用透明烧杯在芬顿反应池及物化沉淀池取水样观察，按具体情况及时应对。

不同监控点出水水质检查详见表4-14。

表4-14 不同监控点出水水质监测

序号	监控点	监控指标	监控频次	备注
1	调节池出水	COD、氨氮、总氮、总磷（1周/次）	1天/次	混匀后检测
2	UASB出水	COD、氨氮	3天/次	

序号	监控点	监控指标	监控频次	备注
3	一级好氧池出水	COD、氨氮、总氮、总磷（1周/次）	3天/次	取O_1池中混合液沉降30min后的上清液
4	二沉池出水	COD、氨氮、总氮、总磷（1周/次）	3天/次	
5	物化沉淀池出水	COD、氨氮、总氮、总磷	1天/次	

（5）保养

① 鼓风机：换机油，每连续运行三个月更换一次机油，机油用220#以上高速齿轮油，油量加到油位观察镜中间位置；鼓风机进气口滤网清洁，视现场空气条件，每个月清洁一次。

② 机械格栅：每月添加黄油一次。

③ 配药桶搅拌机：每半年添加润滑油。

④ 加药计量泵：每年更换一次机油或者当机油液位低于中间油位时加一次机油。

（6）现场整理

① 区域卫生：保持现场无垃圾和废弃物。

② 物料整理：分区整齐摆放，标识清晰。

③ 资料整理：报表及相关资料完整。

2. 预处理系统操作运行管理

（1）污水总量控制

① 在运行过程中，如集水池水位过高，及时通知生产区控制用水量。

② 如生产区必须大量用水，提前通知污水站做准备。

③ 水量超出系统处理能力时，将多余污水暂存在应急池，待水量平稳后再进系统处理。

（2）预处理系统操作

① 机械格栅白天进水量大需开机运行，晚上不进水可关闭。

② 检查机械格栅运转是否正常，有异常及时维修。

③ 格栅渠内无法去除的杂物需人工及时清理，如瓶子、编织袋。

④ 栅渣每天最少清理一次，避免栅渣重新回到格栅渠。

（3）生化处理系统操作运行管理　按照一级缺氧池→一级好氧池→二级缺氧池→二级好氧池的流程进行运行管理。

① 检查A→O→A→O池液位是否正常，如有堵塞，及时疏通。

② 池体内泡沫过多时，需冲洗泡沫。

③ 鼓风机为自动切换模式（两台，每12h自动切换），每周观察一次油镜，如油位低于油镜1/2，及时补充润滑油（每三个月更换一次润滑油）；风机轴承每个月加一次润滑脂；风机进风口滤网每个月清理一次；风机皮带每周测试松紧度，如有异常，及时调整松紧度或更换皮带。

④ 观察混合液混流泵A（一级好氧池回流到一级缺氧池）、污泥回流泵A（初沉池回流到一级缺氧池）出水的流量，如有异常，及时排除。

⑤ 观察混合液混流泵B（二级好氧池回流到二级缺氧池）、污泥回流泵B（二沉池回流

到二级缺氧池）出水的流量，如有异常，及时排除。

⑥ 初沉池排泥（每天一次，每次30min，约10m³），操作流程：打开初沉池排泥蝶阀→关闭初沉池污泥回流蝶阀→排泥30min→停止排泥→开启初沉池污泥回流蝶阀→关闭初沉池排泥蝶阀。

⑦ 二沉池排泥（每天一次，每次20min，约8m³），操作流程：开二沉池排泥蝶阀→关闭二沉池污泥回流蝶阀→排泥20min→停止排泥→开启二沉池污泥回流蝶阀→关闭二沉池排泥蝶阀，恢复正常运行。

⑧ 生化系统污泥调整。每天用玻璃量筒取好氧池、缺氧池混合液观察SV_{30}（颜色、沉降速度、污泥性状、泥水比值、上清液等），如污泥为黄褐色，沉降速度快（SV_{10}与SV_{30}对比），污泥在沉降过程中产生污泥絮凝团，说明微生物正常生长；如污泥发黑，有臭味，沉降过程缓慢，上清液浑浊，不能产生污泥絮凝团，说明污泥老化，需进行污泥调整。

污泥的调整通过排泥实现。第一次排泥量按生化系统（缺氧池＋好氧池）总量的10%排放（每日进水量减少10%～15%），观察污泥生长状况，如无变化，继续排泥（与第一次排泥相同），再观察，直至污泥量有所增加。污泥开始增加后，观察污泥活性。在沉降过程中无絮凝团出现，若上清液浑浊、悬浮物较多，将系统进水量减少50%，加大污泥回流量，降低混合液回流量50%，将好氧池曝气阀关闭一半。在运行过程中，观察好氧池的污泥变化，待好氧池污泥开始增长，且污泥能产生少量絮凝团时，开始正常进水，关闭污泥回流泵，好氧池曝气全开，混合液回流泵开启手动，在好氧池缓慢加入半包硫酸亚铁（约30min，最好配制为10%溶液），继续观察好氧池污泥，当污泥量达到15%左右，污泥沉降时能产生絮凝团，将进水量恢复正常，停止混合液回流，开启污泥回流泵。

上述过程完成后，继续观察系统内的污泥，直至污泥变成黄褐色，沉降速度快，上清液变清，污泥量达到20%±5%，系统污泥调整完成（调整过程的污水排到应急池，再根据实际情况输送到生化系统处理）。

注意：按顺序操作，先处理一级缺氧池和一级好氧池，再处理二级缺氧池和二级好氧池。严禁将未处理达标的污水外排。

（4）药反应池操作管理

① 反应池结构。分为四部分：硫酸亚铁反应池、双氧水反应池、加碱中和反应池、PAM混凝池。

② 药剂作用及配制。注意配制药剂前停止反应池进水，停止加药泵。

a. 硫酸亚铁（除色，与PAM混凝剂进行混凝）。配制流程如下：开启进水阀→关闭加药泵→加硫酸亚铁入水池（缓慢加入）→搅拌机常开→液位计达到一定值→关闭进水阀→搅拌机继续搅拌1h→配制完成。药剂配制浓度一般冬天为10%～15%，夏天配制浓度不超过30%。

b. 双氧水（氧化污水中的COD、氨氮等污染物）。配制流程如下：开启水桶进水阀→开启搅拌机→停止加药泵→加双氧水入水箱→液位计达到一定值→关闭进水阀→关闭搅拌机→配制完成。药剂配制浓度一般为10%～30%。

c. PAM阴离子溶液（将前两种药剂处理后污水中的污染物颗粒絮凝，增大污泥团，快速沉降）。配制流程如下：打开水箱进水阀→停止加药泵→搅拌机常开→加入PAM（阳离子）→液位计达到一定值→关闭进水阀→搅拌30min→配制完成。药剂配制浓度为0.05%～0.1%。

以上药剂配制完成后，依次开启硫酸亚铁、双氧水、PAM加药泵，开启进水，芬顿反应池开始运行。

③ 色度控制。每天用烧杯在PAM混凝池取混合液，沉淀5min，观察上清液颜色。如上清液偏黄色，说明污水中色度去除率低，硫酸亚铁添加量偏少。适当增加硫酸亚铁添加量，3～4h后，再取样观察（多次慢慢调整），直至色度符合出水要求；如上清液偏红色，说明污水中有未反应完的铁离子，硫酸亚铁添加量偏大，适当减少硫酸亚铁添加量，3～4h后取样观察（多次慢慢调整），直至色度符合出水要求。

④ COD、氨氮及其他污染物控制。取样检测，如有污染物指标超过排水水质要求，适当加大双氧水添加量，第二天再取样检测（多次慢慢调整），直至水质符合排水要求。

⑤ PAM池调整。观察池内污泥，如污泥絮凝团偏小，有细小悬浮物没有絮凝，先调小曝气量，1h后再观察，如无改善，说明PAM添加量偏小，适当加大PAM添加量，1h后再观察（多次慢慢调整），目测到池内泥水分界明显后，完成调整。在PAM池内取样，静置，3min之内未完全沉降，适当加大PAM添加量，1h后再取样观察（多次慢慢调整），直至水样能在3min之内完全沉降。

（5）物化沉淀池操作管理

① 排泥（加药切换自动，每小时排泥5min）。手动操作流程如下：开启污泥排放阀→观察污泥排放口→排放口出水变清→关闭污泥排放阀→停止排泥。

② 观察物化沉淀池水面。如有漂泥出现，按照第①项操作流程排泥，在排泥过程中，用工具将沉淀池底周边污泥缓慢向沉淀池中心推进，10min操作一次（重复2～3次），停止排泥，约15min后，开启进水，恢复正常运行。

③ 沉淀池每2个月清空一次，避免池底结块。

（6）系统参数控制汇总（见表4-15）

表4-15　污水处理系统参数控制汇总

生化系统参数（进水量 400m³/d）				
项目	UASB	A₁池	O₁池	A₂池	O₂池
停留时间/d	5	1.21	2.42	0.56	1.12
pH	7～8.5	7.5～8.5	7～8	7～8	6.8～7.5
DO/(mg/L)	0	0.0～0.3	2～4	0.0～0.5	3～5
SV₃₀	20%～30%	30%～40%	30%～40%	25%～35%	25%～35%
混合液回流比		200%～400%		0%～400%	
污泥回流比		50%～100%		50%～100%	

物化系统参数		
	硫酸亚铁	双氧水	PAM
配药浓度	10%～30%	10%～30%	0.05%～0.10%
加药量	1200～1800mg/L	400～700mg/L	5～10mg/L

（八）生化系统异常问题及解决办法

视频导学

活性污泥性状异常及解决对策视频导学

1. 生化出水COD偏高

（1）亚硝酸盐累积

① 原因：碳源不足，反硝化不彻底；pH及DO长期偏低导致硝化细菌减少，亚硝化细菌增多，硝化反应不彻底；$1g\ NO_2^--N$相当于$1.14g\ COD_{Cr}$。

② 解决办法：增加碳源进入A_1池，根据反硝化$1g\ NO_2^--N$需要$4gCOD$计算碳源补充量，一般使用原水作为该部分碳源；增大混合液回流，必要时可以把污泥回流24h全开。

（2）出水悬浮物过高

① 原因：活性污泥沉降性不好；沉淀池表面负荷太低或者进水量较大。

② 解决办法：进水C/N失调，往A池补充原水；C/N控制在5：1，减少进水量。

2. 生化出水氨氮居高不下

（1）DO不足

① 原因：长时间没有排泥，污泥自身解体消耗大部分氧气。

② 解决办法：定时排泥，SV_{30}控制在有效范围之内（池体30%左右，塘体15%左右）。

（2）pH过低

① 原因：进水氨氮太高，硝化反应消耗水中碱度。

② 解决办法：通过补充原水进入A_1池，增大混合液回流，启动A池反硝化增加碱度；向O_1池和O_2池投加碱性物质，如片碱、碳酸钠等。

（3）污泥浓度过低　微生物量不足，进水负荷过高，微生物无法及时处理进入系统中的氨氮。

3. 二（初）沉池浮泥

（1）沉淀池底部存有死角，沉淀池反硝化引起污泥上浮

① 原因：在好氧池内发生硝化反应，流入沉淀池的水中含有大量的硝态氮，在沉淀池内形成缺氧环境，发生反硝化，产生氮气，吸附了气泡的活性污泥密度较低，最终浮于水面。

② 解决办法：加大污泥回流，降低沉淀池内的污泥含量。

（2）污泥腐化导致污泥上浮

① 原因：好氧池曝气量过小，二沉池的活性污泥由于缺氧发生腐化，即发生厌氧分解，产生大量气体，导致污泥上浮。

② 解决办法：增大好氧池的DO。

4. A池DO过高（DO > 0.8mg/L）

① 产生原因：进水负荷过低，混合液回流过大，好氧池内DO过高，混合液带入大部分氧气进入A池。

② 解决办法：减少混合液回流；降低好氧池的DO，控制在2～3mg/L。

5. 物化沉淀池浮泥

（1）双氧水过量

① 原因：硫酸亚铁与双氧水反应，过量的双氧水在沉淀池内分解，产生氧气，底部的污泥随着气泡一并上浮。

② 解决办法：通过做小试降低双氧水量，做几组分别降低50mg/L的小试。

（2）PAM过量

① 原因：PAM过量，导致物化污泥呈大块絮状，絮状物内部有大量的间隙，密度减小，经过中心桶底部水的扰动，呈大块上浮，将其打碎马上下沉。

② 解决办法：减少PAM加药量，在PAM池内取500mL反应物至烧杯中，在 5 ～ 10min 后上清液无悬浮物，底部污泥密实即可。

6. 物化出水返色

① 原因：芬顿反应后还有残余的硫酸亚铁未完全反应，加入碱后形成了三价铁离子，水呈黄色。

② 解决办法：增大双氧水量，按照每次增加50mg/L递增。

（九）主要设备保养、常见故障及排查

1. 格栅机保养与故障处理

（1）保养事项

① 链耙传动轴轴承加润滑脂，每月一次。

② 检查减速机润滑油，润滑油不足时进行补充，每月一次。

③ 检查耙齿连接处有无脱落，每周一次。

（2）常见故障处理方法

① 开机不工作：检查电源及开关是否正常，检查减速机及电机是否正常，检查链耙传动轴轴承有无卡死。

② 运行中有异常响声：检查减速机是否故障，检查耙齿连接处是否松动。

2. 固液分离机维修与保养

（1）机械部分维护

① 螺旋挤压杆轴承补充润滑脂，每月一次，固液分离机轴承型号：205、207、2907（平面轴承）、210（新机型）。

② 洗网系统检查，每周一次。

③ 进出水管道检查，每天一次。

④ 搅拌机减速箱加润滑脂，每半年一次。

（2）电气部分维护

① 电器开关及线路检查，每周一次。

② 集水池提升泵运行电流检查，每天一次。

③ 挤压驱动电机及减速箱加润滑脂，每季度一次。

④ 液位继电器液位探头检查，每天一次。

（3）固液分离机维修

① 开机不启动，主要原因及解决措施如下：a. 电源输入异常，应用电笔或万用表检查三相电源；b. 集水池提升泵故障，热过载跳闸，应检查水泵和热过载；c. 液位探头脱线，应将液位探头三根电极线接好。

② 自动不停机，主要原因及解决措施如下：a. 液位继电器坏，应更换新的液位继电器；b. 液位继电器液位探头碰到池壁，应将液位探头固定好；c. 液位探头末端有编织袋等杂物缠

绕，应清理杂物；d. 液位探头接线盒有水或杂物，应将接线盒清理干净。

③ 提升泵不工作，主要原因及解决措施如下：a. 水泵输入电源缺相，应检查电源及控制水泵的各个开关；b. 水泵电源线断，应将电源线重新接上并用防水垫胶带缠好；c. 水泵轴承坏转子卡死或电机定子烧毁，应拆下由专业人员维修；d. 水泵叶轮松动，应重新换螺帽并加弹垫紧固。

④ 挤压机不工作，主要原因及解决措施如下：a. 减速机电机故障，应拆下电机维修；b. 减速机故障，应修理减速机或换新减速机；c. 电机接线盒脱线，应打开接线盒将线重新接好；d. 挤压杆轴承坏卡死，应更换新轴承；e. 出渣口杂物过多，将挤压杆卡死，应清理出渣口杂物。

⑤ 不洗网，主要原因及解决措施如下：a. 无自来水，应检查自来水管道及水源；b. 洗网供水增压泵故障，应检查增压泵及其线路；c. 机器内部洗网软管脱落，应打开机身后方盖板将软管接好；d. 洗网喷头摆动电机故障，应检查电机及其开关线路。

⑥ 洗网不停，主要原因及解决措施如下：a. 洗网电源接触器卡死，应换新接触器；b. 集水池提升泵故障，热过载跳闸，应检查提升泵及线路，检查热过载并复位。

⑦ 搅拌机不工作，解决措施有：a. 检查搅拌机电机及其开关线路是否正常；b. 检查搅拌机减速箱是否故障。

3. 电磁流量计维修与保养

（1）维护事项

① 安装时必须离地60cm以上，以防水渗入流量计中，损坏流量计。

② 露天安装时要加装防雨罩，防止雨水损坏流量计。

③ 输入电源端加装小电流（5A）漏电保护断路器。

（2）常见故障处理

① 无流量显示，显示屏为零：检查电极有无结晶腐蚀，管道有无堵塞。

② 显示屏黑屏无任何显示：检查输入电源是否正常，流量计本身是否损坏。

4. 厌氧罐保养及故障排除

（1）保养事项

① 厌氧罐表面防腐刷漆，每两年一次，具体根据现场情况而定。

② 厌氧罐布水器结晶清理，每年一次，具体根据现场情况而定。

③ 厌氧罐沼气管道排水，每周一次。

④ 北方要做好罐体及管道保温。

（2）常见故障排除方法

① 厌氧罐不进水或进水量小，主要原因及解决措施如下：a. 布水器结晶堵塞，应清理布水器或更新；b. 进水管道堵塞，应疏通进水管道；c. 进水阀门损坏或堵塞，应清理阀门或更换新阀门；d. 水泵堵塞，应清理水泵；e. 水泵不工作，应检查水泵电机绕组及供电线路是否正常。

② 厌氧罐不出水或出水量小，主要原因及解决措施如下：a. 出水堰进水口结晶堵塞，应清理结晶；b. 出水管道结晶堵塞（垂直走向的管道较常见），应疏通或更换出水管。

5. 罗茨鼓风机保养与故障检修

（1）保养事项

① 主机保养：轴承定期加润滑脂，每月一次，加油时用高压黄油枪；定期更换机油，

用220#以上高速齿轮油，每三个月一次，把刚停止运行的风机油缸里的原机油放干，拧紧放油口螺丝，重新注入合格的新机油；皮带松紧度检查，做适当调整，每周一次。定期清洗空气滤芯，每月一次。

② 电机保养：定期给电机转子轴承加润滑脂，每季度一次；电机主回路开关线路检查，每周一次；电机运行电流检测，每周一次；检查各电器开关运行状况，每周一次。

（2）维修事项

① 开机不启动，主要原因及解决措施如下：a. 电源输入异常，应检查三相电源是否正常；b. 检查驱动电机接线盒是否脱线；c. 驱动电机轴承坏卡死或定子绕组烧坏，应检查电机换轴承或拆下定子维修；d. 主机故障卡死，由专业人员维修主机；e. 三角带断裂或松动，应换三角带或调紧皮带，调节松紧度时不宜太紧，皮带能上下摆动2cm左右为宜。

② 风量小，主要原因及解决措施如下：a. 皮带太松，风机运行时皮带打滑，应调紧皮带；b. 空气滤芯表面灰尘太厚，应清洗空气滤芯；c. 蝶阀坏，应更换蝶阀；d. 单向阀坏，有回气现象，应更换单向阀；e. 曝气盘堵塞，应清洗曝气盘或换曝气盘；f. 管道或连接处漏气，应修复管道，紧固螺丝。

③ 噪声大，主要原因及解决措施如下：a. 皮带盘与传动轴不同心，应矫正皮带盘；b. 空气滤芯堵塞，应清洗空气滤芯；c. 主机故障，应通知专业人员维修主机；d. 主机缺油，应适当添加齿轮油；e. 电机轴承坏或缺油，应更换轴承或加润滑脂。

④ 运行中自停，主要原因及解决措施如下：a. 空气滤芯太脏或堵塞导致电机过载，应清洗滤芯或更换滤芯；b. 工作电源异常，应检查三相电源；c. 开关线路异常，应仔细检查各个开关及线路，尤其是开关接点处和电机接线盒接线有无接触不良现象；d. 热过载整定电流过小，应根据电机铭牌适当调整定电流；e. 主机故障或主机缺油，应适当添加齿轮油或对主机进行检修；f. 电机轴承坏或缺油，运行时阻力大，应更换电机轴承或拆除电机转子进行加油保养。

6. 叠螺压滤机保养及故障检修

（1）日常清洁与检查

① 每日对叠螺压滤机进行外观清洁，确保设备表面无灰尘、油污等杂质。

② 检查设备各部件是否完整，有无明显损坏或松动现象。

③ 定期检查压滤机的液压系统、气压系统以及电气系统的连接线路，确保其正常。

（2）润滑与油液更换

① 根据设备要求，定期为润滑部位加注合适的润滑油。

② 检查液压油、气压油的使用情况，若发现油液浑浊、污染严重，应及时更换。

③ 油液更换时，应确保新油与旧油型号一致，并遵循正确的更换步骤。

（3）滤布清洗与更换

① 每次使用后，应对滤布进行清洗，去除残留物，保持滤布通透性。

② 若滤布出现破损、老化等现象，应及时更换新滤布。

（4）螺杆与螺旋轴维护

① 定期检查螺杆与螺旋轴的转动情况，确保其灵活无卡顿。

② 清理螺杆、螺旋轴表面的污垢，涂抹适量润滑油进行防锈处理。

（5）压力系统检查

① 检查液压系统、气压系统的压力表是否正常，压力值是否符合要求。

② 检查压力管路有无泄漏、破损现象，确保压力系统的稳定性。

（6）电气系统检修

① 定期检查电气系统的控制线路，确保无短路、断路现象。

② 对电气元件进行除尘、紧固，确保其正常工作。

（7）常见故障排查

① 设备无法启动：检查电源、控制线路是否正常，排除电气故障。

② 滤液效果不佳：检查滤布是否破损、清洁度是否足够，清洗或更换滤布。

③ 压力异常：检查液压系统、气压系统是否泄漏，调整压力值至正常范围。

（8）应急预案演练

① 编制叠螺压滤机故障应急预案，明确应急处理流程。

② 定期进行应急预案演练，提高员工的应急处理能力。

③ 对演练中发现的问题进行总结，及时改进和完善应急预案。

（十）管理制度

1. 设备维护及保养管理制度

① 系统运行管理人员与维修人员需熟悉机电维修的相关规定；

② 对系统各构筑物的结构及所有闸阀、护栏、楼梯、管道、照明等设备设施定期检查，发现异常，及时维护维修；

③ 定期检查维护各种设备的连接件；

④ 定期对各处管道、闸阀进行启闭试验，发现异常，及时处理；

⑤ 定期检查、清理电控柜，并测试其中各项技术性能；

⑥ 定期检查电动闸阀的限位开关、手动与电动的联锁装置；

⑦ 定期检查各设备的密封及运转状况，发现异常，及时维修维护（更换密封圈、添加或更换润滑油或润滑脂）；

⑧ 各种机械设备要按照制造厂家说明书要求，进行相应的大、中、小型维护维修；

⑨ 检修机械设备时，需根据设备说明书，必须保证其检修过程符合相关技术要求；

⑩ 不得将维修维护后产生的废弃物（含其他废弃物）丢入污水处理系统内；

⑪ 维修机械设备时，不得随意搭接临时动力线。

2. 岗位职责

① 遵守各项技术安全操作规程、本单位各项规章制度，树立良好的职业道德和敬业精神；

② 充分了解污水处理的工艺流程和基本原理，熟悉污水处理操作规程；

③ 熟悉处理系统各设备设施（包括管道走向）的名称、作用，了解各设备、设施及管道之间的相互关系，并根据实际情况，持续改善设备与设施、管路之间的组合应用，优化工艺流程，熟练操作各种设备；

④ 了解各种药剂的基本性能和作用，熟悉各种药剂的配制、投加方法；

⑤ 掌握污水处理系统运行的各项技术要求与要点，观察各工序的处理效果，发现问题和故障后能及时排除，确保污水处理系统正常运行；

⑥ 每天进行现场运行记录，做到实事求是，数据准确可靠；

⑦ 现场工作人员必须按照操作手册运行处理系统，不得擅自改动（如有异常，先沟通，

多方确认后再调整）；

⑧ 每天巡查现场，预防污水泄漏；

⑨ 每天坚持区域内的5S（整理、整顿、清扫、清洁、素养）工作，保持现场整洁有序；

⑩ 坚守岗位，积极配合上级部门、生态环境部门的检查。

3. 安全注意事项

① 未经安全知识教育培训和岗位操作技术培训的人员，禁止独自上岗操作；

② 系统正常运行时，严禁攀越护栏或独自进入构筑物和设备内部；

③ 因工作需要进入构筑物（或设备内部）时，应采取必要的安全防范措施后（如警示牌、人员看守等），方可组织实施，并切实做好现场监控措施；

④ 在动力设备进行检修或进行事故处理过程中，应对相应的区域、设备、电器控制点设置安全警示牌，并采取必要的安全监控；

⑤ 按要求做好设备、设施管理（维护、保养、检修），发现异常及时处理，确保污水处理站的设备设施能正常稳定运行；

⑥ 设备的传动装置需安装安全防护罩，并加强维护保养，无安全防护罩的传动设备禁止运行；

⑦ 当有腐蚀性的酸碱类物质粘到皮肤时，立即用大量清水冲洗并就医；

⑧ 加强对化学药品的管理，仓库应建立化学品进出台账，防止药品非生产性流失。

安全检查具体措施见表4-16。

表4-16 安全检查具体措施

安全注意事项	具体措施	负责人	监管人
防触电	安全检查：电器设备绝缘性；电器设备裸露部分防护；防雷措施；电器、设备保护装置等		
	检修、维护：必须由专业人员进行检修、维修、维护，禁止非专业人员进行操作		
	不得私自乱接电线、电缆，如有临时电线，需做好防护措施，并竖立标示牌，功能完成后立即拆除		
	所有电器控制器、电气设备需有标识		
	对员工进行用电安全教育；现场需配备绝缘手套、电器灭火器、干沙等；当发生电器火灾时，戴绝缘手套先切断电源，然后用电器灭火器进行灭火（站在上风处）		
防溺水、坠落	栏杆：污水处理池周围需安装足够高度和强度的栏杆，栏杆需定期巡检，发现异常，及时保养、维修；配备救生圈		
	连接通道：构筑物和设施之间的连接通道需安全可靠，以防踩空，连接通道需定期检查，发现异常，及时维修		
	维护维修：平时禁止翻越栏杆，必须越栏时，做好防护措施（救生圈），并有人员在旁监护		
	防滑：清理垃圾、污泥泡沫时，必须穿防滑靴		
	设施检查：栅栏、池盖、井盖需不定时检查，如有损坏，及时更换		
	登高作业：需配有安全带、安全帽、安全绳等安全设备，并遵守登高作业相关规定；现场配备监护人员		
	将上述内容对相关人员进行培训		

安全 注意事项	具体措施	负责人	监管人
设备 安全操作	严禁在设备运行时进行维修保养工作		
	不得关闭吸水泵进水口阀门（正常维修除外）		
	高空作业、维修照明灯具、维修设备时，必须做好安全防护措施（必须有人看护）		
	不得向水池、管道、明渠中丢弃垃圾和废弃物		
	非特殊需要，不得翻越栏杆（必要时须有两人在场）		
	必须进入池底、设备内部、涵管等封闭或半封闭场所维修维护时，必须有人陪同，不得单独操作		
	不得在设备上摆放物品、攀爬设备		
	注意保护各类仪表，防止意外损坏		
其他	上班前严禁喝酒；污水站现场严禁吸烟		
	防暑、保暖：现场配备防暑降温药品、保暖服		
	自然灾害：如有台风、洪水、寒潮等状况，及时通知相关人员，确保人员、设施、设备做好安防措施		

4. 应急措施

（1）瞬时水量增加　如前端进水量突然增大，超出系统处理能力，可暂时将原水分流储存到应急池，待来水水量平稳，再将应急池污水输送到系统中继续处理。

（2）设备异常　如设备损坏，长时间不能正常运行时，可暂时将原水分流储存到应急池，设备恢复正常后，再逐步消化应急池储存的废水。

（3）停电　如停电时间长，将原水分流到应急池，并通知猪场控制用水量，供电恢复正常后，再逐步消化应急池储存的废水。

（4）最终出水水质异常　如检测到最终出水水质不达标，应立即停止系统进水；通知猪舍控制或停止排水；关闭出水口阀门；将不达标水返回到应急池，及时调整系统，直至水质达标，严禁将不达标污水（或未经处理的污水）外排。

（5）备用

① 污水处理站现场必须有易损配件备用，便于及时维修，确保系统正常运行；

② 污水处理站现场的易损设备必须一用一备，设备损坏时应及时更换、及时维修，避免影响系统运行；

③ 污水处理站现场必须备有相应的维修工具，当设备、设施出现小故障，可及时维修。

（6）原水泄漏

① 如原水导流堰（槽、管）坍塌（破损）造成原水泄漏，需及时通知猪场控制或停止猪舍排水，并立即组织力量抢修（务必注意人身安全），避免污染源扩散；

② 如原水导流堰（槽、管）堵塞造成原水泄漏，应及时疏通水路（务必注意人身安全），确保水路畅通，避免污染源扩散。

（7）异常天气

① 大雨。关注天气预报，如预报有大雨，提前检查各处导流堰（槽、管）是否有堵塞

状况（若有应及时清理），检查雨水排泄系统是否有堵塞状况（若有应及时清理），做好雨污分流检查工作。

② 雷雨。关注天气预报，如预报有雷雨，提前通知猪舍控制用水，停止系统运行，将污水导流至应急池，雷雨过后，按正常流程开机运行。

③ 高温。关注天气预报，如预报有高温天气，特别留意：a.沼气厌氧塘的鼓膜状况，及时加大沼气输送、使用量，防止爆膜；b.污水站大功率设备，如有发热现象，及时停机保养或换机。

④ 极寒。关注天气预报，如预报有极寒天气，提前检查各处管道，如有保温层破损，及时修补或更换；有裸露在外（不适合加保温层）的管道、阀门，临时用草垫或其他保温材料包住，防止管道和阀门冻裂、堵塞。

（8）汇报、反馈　当污水处理站发生异常情况，且需采取以上应急措施时，及时将异常情况向上级汇报，并随时反馈现场应急状况。

（9）培训　将各种突发情况汇编整理，用于现场运营人员的应急处理培训。

附　录

附录1　六联搅拌仪的使用说明

1. 六联搅拌仪的基本参数

① 型号：MY3000-6M；

② 速度控制范围：$10 \sim 1000 r/min \pm 0.01\%$；

③ 速度梯度 G 值：$10 \sim 1000 s^{-1}$；

④ 时间范围：$0 \sim 99min\ 59s \times 10 \pm 0.01s$；

⑤ 测温范围：$0 \sim 50℃ \pm 1℃$；

⑥ 电机功率：180W；

⑦ 电机转矩：600mN·m；

⑧ 工作电压：$AC200V \pm 10\%$；

⑨ 搅拌容量（水）：6000mL；

⑩ 适用介质黏度：$0 \sim 10000mPa·s$；

⑪ 外形尺寸：$90cm \times 30cm \times 50cm$；

⑫ 转速显示：LED液晶屏上行测得的转速、下行转向和设定转速；

⑬ 可设程序数量：20种，每种自动无级变速10次。

2. 六联搅拌仪的使用

（1）操作方法

① 打开电源开关，液晶屏上显示出主菜单。

② 按"升"键，搅拌杆及叶片上升到位后自动停止。（当彩色液晶屏显示主菜单时可手动升、降，其他显示过程中不要按"升"或"降"。）

③ 在六个实验杯中装入实验溶液，放到实验杯座上，同时准备容器，放入一定量的同种溶液，将测温插头插入机架侧面的插座内，并把测温传感头放入溶液中，工作过程中测温头要一直保持在溶液中。

④ 按"↓"键：进行中英文转换。

⑤ 按"1"键：运行，出现"当前设置"画面。

⑥ 按"↓"键：选择工作方式为同步运行或独立运行。

⑦ 按"→"键：选择杯型。选择1L圆杯或0.5L圆杯或方杯。

⑧ 选好后按"确认"键，画面进入程序页面。

⑨ 按"降"键，搅拌杆及叶片下降到位后自动停止。

⑩ 向试管中加入实验用药液。

⑪ 根据需要选择液晶显示屏上的主菜单设定程序。

⑫ 输入预设的程序号后，液晶屏即显示程序单，按"回车"键确认。

⑬ 执行搅拌程序时，液晶屏动态显示程序执行情况，程序单滚动显示各项数据。时间为倒计时显示。液晶屏同时显示搅拌中的剩余时间、转速、G 值、GT 值、温度。

⑭ 搅拌结束时，搅拌杆及叶片自动升起，开始沉淀。沉淀结束时蜂鸣器提示，液晶屏显示 GT 值。根据液晶屏提示可选择重新执行本程序或返回执行其他程序。按任意键，可停止蜂鸣器提示。

⑮ 在工作过程中按"复位"键可立即停止工作并返回主菜单。

（2）同步运行

① 在主菜单界面按"1"键：运行，出现"当前设置"画面。

② 按"↓"键：选择工作方式为同步运行。

③ 按"→"键：选择杯型，选择1L圆杯或0.5L圆杯或方杯。

④ 选好后按"确认"键，画面进入程序页面。

⑤ 选择同步运行的搅拌轴根数：分别选择"1"～"6"号键，可分别选择1根、2根、3根、4根、5根、6根同步运行。按"O"键取消同步运行选择。

⑥ 输入程序号，按"回车"键，再按"回车"键，搅拌轴即开始运行程序，直到程序结束。

（3）独立运行

① 在主菜单界面按"1"键：运行，出现"当前设置"画面。

② 按"↓"键：选择工作方式为独立运行。

③ 选好后按"确认"键，画面进入程序页面。

④ 输入第1头所需运行的程序号，按"→"键，把光标移到第2头；再输入第2头所需运行的程序号，按"→"键，把光标移到第3头；再输入第3头所需运行的程序号，按"→"键，把光标移到第4头；再输入第4头所需运行的程序，按"→"键，把光标移到第5头；再输入第5头所需运行的程序号，按"→"键，把光标移到第6头；再输入第6头所需运行的程序号，按"回车"键；降下搅拌头，按"回车"键。

⑤ 根据实验需要，分别按动"1""2""3""4""5""6"号键，1、2、3、4、5、6号搅拌头开始工作。按"1"键启动第1头，按"2"键启动第2头，按"3"键启动第3头，以此类推。工作中根据实验需要可随时按相应按键停止其搅拌头工作。

⑥ 独立运行程序全部结束后，搅拌头自动上升到位后停止。蜂鸣器会发出声音，通知提取结果。按任意键（除"1""2""3""4""5""6""复位键"外）可停止蜂鸣器工作。

（4）编程方法及程序查阅

本控制器可存储多达20种程序，每种程序最多自动无级变速10次。出厂前预设了部分程序，可根据实验需要修改程序。

编程方法如下：

当液晶屏显示主菜单时，选择"2：编程"，输入程序号"1"，再按回车键。此时光标在待输入处闪动（起始时在左上角），按数字键即可依次输入各项内容，光标自动右移、换行。时间的分、秒各为两位，转速为四位，当高位为零时，应输入"0"，也可按"→"键跳过；当输入转速后，即可输入是否加药信息，如在该段程序开始时要加药应输入"1"，不加药应输入"0"，最后的沉淀程序要把转速设定为"000"。沉淀程序后面如有其他程序，此时全部自动删除。如在某段把分、秒值全设置为"00"，由该段程序开始，后面的原有程序也全部删除。

按以上方法，继续设定其他程序。

本机的转速范围为 10 ～ 1000r/min，当输入数值小于10时，实际上按10r/min运行；大于1000时，实际上按1000r/min运行。

当对原有程序进行局部修改时，可使用" ↑ "" ↓ "" ← "" → "四个键移动光标位置，再输入需要的数字。

（5）注意事项

① 本机使用 AC 220V±5%电源，一定要安装接好接地线，并要定期检查搅拌器的安全接地情况，确保安全。

② 当搅拌杆在中间位置时，不要按"升"或"降"键。

③ 本搅拌器虽然注意了防水问题，但实验时仍需注意避免将水溅到主机或控制器上，溅上后应立即擦掉。

④ 当搅拌轴空载运转时，个别轴有时可能出现转速不稳甚至不转的现象，这种现象待负荷运转时就会消除。

附录2　SBR装置操作流程

1. 使用前的检查

① 检查关闭以下阀门：进水箱、出水箱的排空阀门，空气泵的出气阀门，滗水器的出水排空阀门，SBR反应器的排空阀门。

② 检查缺水水位计、SBR反应器水位计、进水泵、空气泵、搅拌器、电磁阀的电源插头，是否插在相应的功能插座上。

③ 检查关闭相应的功能插座上方的开关（有色点的一端翘起为"关"状态，有色点的一端处于低位为"开"状态）。

2. 学习使用数显时间控制器

（1）了解五个时间控制器的控制功能

① 进水自动控制：默认值设置5s，无须修改。

② 曝气时间控制：可根据需要任意设置（可设置2 ～ 8h）。

③ 静止沉淀时间控制：一般设置在30 ～ 120min。

④ 滗水时间控制：根据需要去除上清液体积而设置，根据流量进行设置。

⑤ 闲置期时间控制（活化搅拌时间控制）：在SBR的闲置期，开启搅拌器对活性污泥进行搅拌和活化，一般在10 ～ 30min。

（2）时间控制器的定时设置　打开有机玻璃防护盖，在仪表下面有一排（五个）小窗口，每一个小窗口的上下方各有一个"+""–"小按钮，用于设置该小窗口内的数值。其中最中间的小窗口为时间单位设置，即小时（h）、分（m）、秒（s）；或倒计时方式，即倒计小时（h）、倒计分（m）、倒计秒（s）。建议使用计时方式。其他小窗口用于具体的时间设置，例如，要设置倒计时25分45秒的定时时间，则在小窗口中设置为"25min45s"即可。

（3）活性污泥的培养和驯化

① 加入SBR反应器1/10体积左右的活性污泥种源，将活性污泥培养液直接倒入SBR反应器中，并将每日够用一次的培养液（BOD_5：N：P=100：5：1）倒入进水箱（1/4箱左右，每日添加）。

② 设置SBR曝气时间23h 20min，静止沉淀时间30min，进水时间30s，闲置期时间（活化搅拌时间）10min。

③ 启动SBR反应器让其自动工作。

④ 当活性污泥培养到污泥体积SV_{30}为20%～30%时，便可进行驯化工作。每天在培养液中加入一定量的实验废水进行驯化培养，加入量不断增加，直至活性污泥完全驯化为止。

（4）进行实验

① 将实验废水或人工配制模拟实验水倒入进水箱。

② 设置好不同阶段的控制时间。

③ 将电源控制箱插上电源，开启总电源空气开关，打开各个功能开关。

④ 打开空气泵出气阀。

⑤ 按"启动/复位"键，SBR反应器进入自动工作状态。

⑥ 当设置的滗水时间到了以后，直接从电磁阀出水口取水样，进行相关的检测项目测定，得到实验结果。

⑦ 注意事项。

a. 当进水箱中的水样不够时，整个系统会自动关闭，缺水指示灯亮。待水样加满后，按一下"启动/复位"键，SBR反应器进入自动工作状态。

b. 当SBR反应器的某个阶段出现故障，整个系统也会自动停止工作（但不关闭）。此时检查每个仪表的工作情况（第一个仪表除外），看某个仪表显示"00.00"，表示该阶段已经完成任务，如果某个仪表完全不亮（无显示），则表示该阶段出现故障，将该阶段故障排除后，再按一下"启动/复位"键，SBR反应器进入自动工作状态。

c. "启动/复位"键除了启动功能以外还有复位功能，即当SBR反应器处于某一工作阶段时，若希望它又从头开始工作，则按一下"启动/复位"键即可。

（5）实验完毕的整理

① 关闭空气泵的出气阀。

② 关闭功能插座上的所有开关。

③ 关闭电源控制箱上的空气开关，拔下电源插头。

④ 打开进水箱、出水箱、SBR反应器的所有排空阀门排水。

⑤ 用自来水清洗各个容器，排空所有积水，待下次实验使用。

参考文献

[1] 马溪平，徐成斌，付保荣，等．厌氧微生物学与污水处理 [M]. 2 版．北京：化学工业出版社，2016.

[2] 王志强．Fenton 氧化法处理印染废水的效能研究 [J]. 能源与节能，2018(11): 94-96.

[3] 杨霞霞，陈雪松，朱震杰，等．多相紫外臭氧联合氧化法处理亚甲基蓝的研究 [J]. 浙江冶金，2015(4): 29-31.

[4] 迟婷．臭氧氧化技术对各种染料处理效果及机理的研究 [D]. 青岛：青岛科技大学，2016.

[5] 刘响亮．UASB 处理含甲醇工业废水的试验研究 [D]. 衡阳：南华大学，2013.

[6] 韦政，杨燕梅，翁蕊，等．高排放标准下我国城镇污水处理厂 A²/O 工艺升级改造研究进展 [J]. 华东师范大学学报（自然科学版），2021(4): 55-63.

[7] 陈玉新，许仕荣，武延坤，等．基于正交实验的 A²/O 工艺运行方式优化 [J]. 环境工程，2017,35(2): 59-63.

[8] 岳佳鑫．焦化废水处理过程集成优化 [D]. 北京：中国科学院大学，2021.

[9] 王春霞，李玲，罗淑湘．城市河道整治效果综合评价体系研究 [J]. 建筑技术，2021,52(4): 481-484.

[10] 马原．水生态修复技术在城市河道污染治理工程中的应用 [J]. 能源与节能，2021(7): 87-88, 96.

[11] 裴菲．城市污染河道生物生态修复研究进展 [J]. 绿色科技，2021,23(8): 85-87.

[12] 宋增梅．高校工程实训创新式教学方法探讨 [J]. 潍坊学院学报，2018,18(2): 90-91.

[13] 李亚峰，晋文学，陈立杰，等．城市污水处理厂运行管理 [M]. 3 版．北京：化学工业出版社，2015.

[14] 尹士君，李亚峰．水处理构筑物设计与计算 [M]. 3 版．北京：化学工业出版社，2015.

[15] 刘景明．水处理工 [M]. 北京：化学工业出版社，2014.

[16] 张瑜，芦星，彭勤，等．数值模拟在水污染控制实验教学中的应用 [J]. 实验室研究与探索，2021,40(6): 237-240.

[17] 谢莹莹．以成果为导向的水污染控制工程实验教学改革 [J]. 教育教学论坛，2021(51): 90-93.

[18] 陈雪松，郝飞麟，徐冬梅，等．基于"学-模-验-拓"教学模式的环境工程设计方向的实践与探索 [J]. 高教学刊，2022,8(1): 104-107.

[19] 陈雪松，郝飞麟，毛玉琴，等．基于建构主义的"水污染控制工程"课程线上线下混合教学模式的探索 [J]. 教育教学论坛，2020(53): 249-251.